牛羊繁殖障碍疾病临床手册

郭昌明　袁　宝　主编

中国农业出版社
北　京

本书由以下项目资助：

- 国家重点研发计划课题：实验羊的开发、评价与应用（2022YFF0710504）；
- 国家现代农业产业技术体系：肉牛牦牛产业技术体系（CARS-37）；
- 吉林大学 2023 年研究生课程案例库建设项目（项目号：451230411274）。

编 写 人 员

主编: 郭昌明　吉林大学动物医学学院

　　　　袁　宝　吉林大学动物科学学院

参编: 王新平　吉林大学动物医学学院

　　　　张嘉保　吉林大学动物科学学院

　　　　张文龙　吉林大学动物医学学院

　　　　胡晓宇　吉林大学动物医学学院

　　　　曹永国　吉林大学动物医学学院

　　　　李心慰　吉林大学动物医学学院

　　　　刘国文　吉林大学动物医学学院

　　　　潘志忠　松原职业技术学院农牧科技分院

　　　　姜　昊　吉林大学动物科学学院

　　　　郑　毅　吉林大学动物科学学院

　　　　付云贺　吉林大学动物医学学院

　　　　尹鹏霏　吉林大学动物医学学院

　　　　高宝山　武清区农村社会事业发展服务中心

　　　　王　鹏　吉林大学动物科学学院

前言

随着改革开放的深入，我国牛、羊养殖业发生了翻天覆地的变化，取得了很大成就。现阶段牛、羊养殖业已成为我国乡村振兴的主导产业。我国在服务乡村振兴战略实施方面，急需紧缺领域教材偏少，针对性、适用性不足，还不能充分满足新时代农业农村人才的培养需求。为响应国家号召，打造高质量的牛、羊养殖产业技术服务体系，新时代科技工作者应为乡村振兴、产业发展、人才培训等服务做出新的贡献。

牛羊繁殖障碍疾病是指引发公、母牛羊繁殖异常的一类疾病的总称，包括传染病和寄生虫病这两类疾病，以及兽医内、外、产科三门临床学科的疾病，涵盖了营养代谢病、中毒性疾病、遗传性疾病、免疫性疾病等牛羊普通病。近年来，针对牛羊繁殖障碍病的研究，尤其是对牛羊生产危害严重的群发性疾病，以及与人类疾病相对应的普通病的研究有了长足的进步。

为了较全面地反映国内外关于牛羊繁殖障碍病的最新研究进展，给广大畜牧兽医工作者深入学习和认识这些疾病提供较为系统的资料，由吉林大学动物医学学院、动物科学学院，以及其他部分农业院校的各学科多名专家集体编写了这本兽医临床实用参考书。本书共7章内容，包括雌性生殖器官疾病、雌性生殖机能疾病、

1

难产、雄性生殖器官疾病、乳腺疾病、幼畜疾病和引起繁殖障碍的营养代谢病。本书的特点包括：①突出了牛羊繁殖障碍疾病，如中毒性疾病和营养代谢病引起的繁殖障碍；②突出了有研究进展的、新发现和新确认的有较大价值的疾病；③突出了我国研究得比较深入并取得较大成果的疾病。

由于本书涉及的学科较多，编者的理论水平和临床经验有限，疏漏之处在所难免，敬请读者不吝指正，以便再版之时及时纠正和补充，使本书内容更加完善。

编　者

2023 年 8 月

目录

第一章　雌性生殖器官疾病

阴　道　脱　出

　　阴道脱出是指阴道壁的一部分或全部脱出于阴门外。前者称为不完全脱出（半脱），后者称为完全脱出（全脱）。此病多发生于牛（包括水牛）及羊的妊娠末期，牛常发生在分娩前2～3个月，羊及其他家畜常发生在分娩前2～3周，偶见于分娩后。牛阴道脱出在其产科病中占比不到1％，但海福特牛的发病率高达产犊牛的10％。经产牛相比初产牛多发。据Jones报道，绵羊阴道脱出的发病率为0.5％，有些羊群高达20％。

●病　因

　　1. 雌激素量过多　牛妊娠后期胎盘产生过多的雌激素；或产后患卵泡囊肿，产生大量的雌激素。在猪，偶尔在牛，喂给含有雌激素的霉败谷物，如赤霉玉米或大麦，也可引起外阴水肿、骨盆韧带松弛、努责，从而发生阴道脱出，甚至直肠脱出。用己烯雌酚或雌激素类催肥的羔羊常发生阴道脱出。

　　2. 腹内压过大　如胎儿过大、胎水过多或单胎家畜（如牛、马）怀双胎，以及患瘤胃臌气等可造成腹内压过大的疾病时。

　　3. 饲养管理不良　营养成分单调，运动量不够，特别是年老、经产牛，体弱膘情差的牛，盆腔内支持组织的张力减退或降低。

　　4. 遗传因素　如海福特牛、绵羊和犬的某些品系易患产前阴道脱出。

● 症　状

1. 部分脱出　往往是阴道上壁形成皱襞从阴门突出。初期，脱出部分较小，卧下时有一鹅卵大或拳头大的粉红色瘤状物，夹在两侧阴唇之中，或略露出于阴门外。站立时，脱出部分仍能自行复位。以后逐渐发展成为阴道全脱。阴道、前庭及阴唇黏膜充血、水肿、发炎、疼痛、感染，进而干燥、干裂，甚至糜烂和坏死。

2. 完全脱出　全部阴道壁翻转形成一囊状物，脱出于阴门之外。脱出的阴道壁呈囊状，有排球至篮球大，不能自行复位。子宫颈脱出时，宫颈外口紧缩或松弛，位于脱出阴道末端的陷凹内。严重病例，阴道下壁前端还可见到尿道外口，充满尿液的膀胱及胎儿的前置部分，则充塞于脱出的阴道壁囊腔内。有时，膀胱也经尿道外翻而脱出，呈苍白色球状物，位于脱出的阴道壁下方。个别病牛还可继发直肠脱出。

脱出的阴道黏膜，初期表面光滑、湿润，呈粉红色。以后，则黏膜淤血、水肿，变为紫红色或暗红色，黏膜与肌肉层分离，黏膜表面干裂，并流出带血的液体。如经受擦伤及粪便、泥土、垫草的污染，则会引起发炎、破裂、坏死，裂口或糜烂区域有炎性渗出液或血液流出，夏季可能生蛆，冬季可能冻伤。偶见子宫颈松弛，子宫颈塞失掉，而发生流产和早产。

● 治　疗

1. 保守疗法　轻症临产牛，应单独饲养，增加放牧和运动时间；牛床后面垫高，使牛后躯高于前躯 5～15 cm，有一定防治效果。

怀孕期阴道脱出的病牛，可每日注射孕酮 50～100 mg 或每 10 d 注射 1 次缓释孕酮 500 mg，直至分娩前 10 d 左右停药。对卵巢囊肿伴发的阴道脱出病牛，主要治疗卵巢囊肿，辅以阴道脱出治疗。

2. 手术疗法　对阴道完全脱出和不能自行复位的部分脱出病例，可进行局部清理和整复固定。

（1）局部清理　脱出部分用 0.1%高锰酸钾溶液或 0.05%～0.1%新洁尔灭溶液或生理盐水清洗消毒。再用 3%温明矾溶液清洗，使其收缩变软。感染发炎和损伤的，则用温和的抗菌溶液涂布。腐败坏死组织应切除干净，破裂口应予缝合。黏膜淤血、水肿剧烈的，可用毛巾热敷 10～20 min 或施行乱刺，以纱布包裹挤压或涂敷轻冰散（由绿豆、蝉蜕、冰片等药材组成），使其体积缩小。清除干净后，给阴道裂口涂抹 2%的龙胆紫或碘甘油，或者磺胺乳剂等。

（2）保定　将牛、羊站立保定，后肢抬高；不能站立的应将后躯垫高，以利于整复脱出的阴道。

（3）麻醉　用 2%普鲁卡因或利多卡因 5～10 mL（大家畜），做硬膜外麻醉。

（4）整复　先由助手用消毒手术巾或纱布将阴道托起与阴门等高，术者则趁患畜不努责时，用手掌将脱出的阴道从子宫颈开始向阴门内推送。整复时，若因膀胱扩张而发生困难，可将脱出的阴道背面提起，以减轻尿道的压力，使尿液排出或向膀胱插入导尿管排出尿液。一旦阴道底壁和两侧壁复位，则水肿迅速减轻。待全部送入后，再将手握成拳头将阴道压回原位。手臂应在阴道内停留一定时间，以防继续努责而再次脱出。

（5）固定　为彻底防止阴道重复脱出，在阴道复位后须进行固定。常采用下列阴门缝合法。

①双内翻缝合固定法：在阴门裂的上 1/3 处，从一侧阴唇距离阴门裂 3 cm 处进针，在同侧距离阴门裂 0.5 cm 处穿出。越过阴门，在对侧距离阴门裂 0.5 cm 处进针，从距离阴门裂 3 cm 处穿出。然后，再在出针孔之下 2～3 cm 处进针，做相同的对称缝合，从对侧出针，收紧线头打一活结，以便在临产时易于拆除。

根据阴门裂的长度，必要时再用上法做 1～2 道缝合。但需注意留下阴门下角，便于排尿。给进、出针孔的缝线缠绕上碘酒棉条，或阴门两侧外露的缝线和越过阴门的缝线套上一段细胶管，以防止强烈努责时缝线勒伤组织。

②袋口缝合固定法：距离阴门裂 2.5～3 cm 处进针，与阴门裂相平行，在距进针点 3～4 cm 处出针，给缝线上套一橡胶管，按同样的距离和方法，围绕阴门缝合一圈，将两缝线头束紧，打一活结，松紧要适中。

③阴道侧壁缝合固定法：在母畜坐骨小孔投影的臀部位置，剃毛消毒，皮下注射 0.5％盐酸普鲁卡因 5～10 mL（牛用量）局部麻醉。用直尖外科刀刺透皮肤，将已合成 4 股的粗缝线一端缚直径 2 cm 大衣纽扣后，一手带入阴道。另一手将带有嵌线口的长柄直针，避开阴道侧壁的大血管或骨盆腔神经及直肠，从皮肤切口朝坐骨小孔方向刺入，穿透阴道侧壁黏膜，将缝线嵌入进针嵌线孔中，然后拔出缝针缝线，最后在缝线上系上大衣纽扣，束紧打结。一侧缝合完毕，再以同样方法缝合另一侧。也可用一长直针从阴道内向臀部方向刺入，将缝针穿出皮肤。其他如上所述。

此外，还有黏膜下层部分切除术和阴道下壁子宫颈固定法。

（6）术后护理　应将患畜置于前低后高的场地饲养。为防止术后继续努责，可给予镇静剂或进行硬膜外麻醉。每日或隔日向阴道内涂布 1 次碘甘油或其他消毒防腐药；出现全身症状的，应连续注射抗生素 3～4 d。在患畜确实不努责后再拆线。

阴　道　炎

●病　因

1. 原发性阴道炎　起因于受精（自然交配和人工授精）和分娩时的损伤或感染。如分娩时难产和产道干燥时，胎儿排出和手术助产，使阴道受到不同程度的损伤；交配时引起损伤；人工授精或子宫冲洗、灌注时引起损伤。

2. 继发性阴道炎 常继发于胎衣不下、子宫内膜炎、阴道和子宫脱出等疾病。阴道、前庭和阴门的正常位置改变时，由于粪、尿、气体，以及阴道和子宫分泌物在阴道内积聚，可引起感染，发生阴道炎。先天性或后天性阴道直肠瘘，粪便从生殖道排出，形成"粪膣"。

衰老瘦弱的母马，生殖道组织松弛或子宫颈肥大的牛，子宫颈重量大，使前庭和阴道腔向前下方水平倾斜，尿液倒流积滞在阴道穹窿，形成"尿膣"。

阴门撕裂、伸长、变形，或撕裂后缝合不正确，使阴唇外翻，出现裂隙，空气进入，形成"气膣"。

先天性阴门瓣闭锁时，子宫和阴道分泌物在阴道内潴留。

还有特殊病原感染引起的阴道炎，如颗粒性阴道炎、牛传染性脓疱性外阴道炎和滴虫性阴道炎等。

● **症 状**

1. 阴道黏膜表层炎症 病畜不定期地从阴门流出黏液性或黏脓性分泌物，在阴门、尾根和臀部周围的被毛上形成干痂。开膣检查，可发现阴道底部和两侧壁黏膜轻度肿胀、充血或出血，有分泌物黏附。通常无全身症状。

2. 阴道黏膜深层炎症 病畜努责，从阴门排出污红色、腥臭的脓性分泌物。阴道检查，病畜表现疼痛，阴道内有脓性分泌物、黏膜充血、肿胀、溃疡、糜烂、坏死和出血。病畜常有拱背、努责、翘尾、尿频等症状。还可表现出一定的全身症状，体温升高，精神沉郁，食欲及乳量减少。

严重病例可发展为浮膜性阴道炎，黏膜上覆盖灰白色到灰黄色坏死组织薄膜，薄膜下为溃疡面，边缘肿胀。也可能发展为阴道周围蜂窝织炎，黏膜下结缔组织内有弥散性脓性浸润，有时形成脓肿，阴道脓性分泌物中混有坏死组织絮片，全身症状更为明显。

● 治 疗

（1）首先清洗外阴部，尾根部用绷带缠绕后系于一侧。对轻型炎症，用稀薄的中性温热防腐消毒液冲洗阴道，如0.1%高锰酸钾溶液、0.01%～0.05%新洁尔灭溶液；阴道水肿严重时，用2%～5%氯化钠溶液或稀碘液（1 000 mL水中加20～30滴碘酊）冲洗；大量浆液性渗出时，可用收敛性冲洗液，如1%～3%鞣酸或1%～2%明矾液。

（2）阴道冲洗后，涂擦药液、软膏或乳剂，撒布粉剂，投放栓剂，如10%碘仿甘油、1∶2碘甘油、抗生素软膏、磺胺软膏、磺胺乳剂、桐油冰硼散乳剂（桐油20 mL、冰硼散3 g）、磺胺粉剂、洗必泰（氯己定）栓等。疼痛剧烈时，按1%～3%的比例加入可卡因。阴道内有创伤、溃疡或糜烂时，冲洗后应涂擦碘甘油（1∶1）、碘石蜡油［1∶（2～4）］。发生浮膜性阴道炎时，应用碘仿糊剂（碘仿1、次硝酸铋2、石蜡油适量）或磺胺糊剂，并根据病情肌内注射抗生素。

由于药物在阴道上壁和侧壁难以存留，必要时可在阴道内放置纱布塞留。选用适当大小的棉球，用纱布包住，再用粗线结扎。用前先浸泡药液，或涂擦软膏，开张阴道后将纱布塞入患部，使结扎线的游离端露出阴门外。放置4～12 h后，牵引线头拉出纱布塞。

（3）浮膜性和蜂窝织性阴道炎引起的脓肿，必须在阴道内切开，然后用消毒液冲洗，按外科方法处置。继发性阴道炎，应着重治疗原发病。

（4）气膣、尿膣和粪膣引起的阴道炎应施行矫正（形）术。发生气膣时，行阴门闭合术，即在两侧阴唇皮肤边缘向内1.2～2.0 cm处切破黏膜，从上角一直切到坐骨弓水平面为止，下角留 3～4 cm，除去切口与皮肤之间的黏膜，然后缝合切口两侧皮肤，使之愈合。以后从下角行人工授精，预产期前 1～2 周沿原来缝合线切开阴门，防止分娩时撕裂阴门，分娩后重新闭合阴门。

发生尿膣时，用尼龙线在尿道外口稍前方缝合阴道黏膜及黏膜下组织，使之形成一个永久性的黏膜横折，阻挡尿液倒流。

发生粪膣时，可分别缝合阴道和直肠破裂孔。

阴 道 囊 肿

阴道囊肿，又称卵巢冠纵管囊肿或加特内氏管囊肿，多见于牛。卵巢冠纵管是胚胎时期中肾管（沃尔夫氏管）的遗迹。牛的卵巢冠纵管位于阴道下侧壁，为黏膜所覆盖，并在尿道外口稍前方两侧开口，正常时很难发现。

阴道炎或前庭炎时，常继发卵巢冠纵管炎，使排出管口阻塞，分泌物在管内积聚而形成囊肿。局部淋巴管或血管病变也能引起囊肿。阴道囊肿还见于滴虫病。母牛氯化萘中毒时，由于卵巢冠纵管上皮角化过度而引起阻塞和膨大。

卵巢冠纵管在阴道下侧壁形成串珠状膨大，甚至可延伸到子宫颈，直径 0.5～1.5 cm。膨大部充满液体，发生感染时则形成脓肿，偶尔形成结石。阴道检查可触到囊肿及囊肿间腺管。

本病可采用局部抗生素治疗，必要时可行囊肿穿刺、切开或摘除。

前庭大腺囊肿

前庭大腺又称巴多林氏腺。牛的前庭大腺位于前庭侧壁，腺管开口于尿道外口稍后方的两侧黏膜凹陷内，分泌黏稠清亮液体。本病牛多发。

本病几乎全部为单侧性囊肿。前庭检查,可触诊到腺体膨大部,直径可达 2～10 cm,感染后形成脓肿。当囊肿直径超过 5 cm时,由于距阴门很近,牛卧下时从阴门突出一圆形粉红色物体,站立时又缩回,因此很可能被误诊为阴道可复性脱出。治疗可穿刺或切开囊肿,用乳酸格尔氏液冲洗患部,并重视原发病的治疗。

阴门及阴道损伤

● 症 状

阴门损伤主要是撕裂创,视诊可见到破裂口及出血,阴门肿胀,阴唇外翻,有时黏膜下发生血肿。阴道损伤时,可见血液或血凝块从阴道排出。阴道检查可发现损伤部位。阴道后部穿透创,可见周围脂肪组织突入阴道内,继发阴道周围蜂窝织炎和阴道脓肿。阴道底壁破裂,膀胱可能突入阴道内。阴道上壁与直肠同时破裂,则形成阴道直肠瘘。阴道前部穿透,肠管及网膜可能从破口突入阴道内,甚至从阴门脱出体外,并继发腹膜炎,患畜表现严重的全身症状。阴道穿透创有时可引起后躯皮下气肿。

● 治 疗

阴门新鲜创,按一般外科方法处理后进行缝合。缝合后应尽可能保持阴门的原形,防止形成阴唇外翻或阴门裂隙而发生"气腔"。如果发生蜂窝织炎或脓肿,应按外科感染创治疗,并施行抗生素疗法。小而浅的阴道壁非穿透性损伤,可不必缝合。较大较深的损伤,缝合后按外科创伤治疗。

阴道壁穿透创继发肠管脱出时,应首先进行整复,然后缝合。如果母畜努责强烈,在整复和缝合前,应先行硬膜外麻醉或损伤部位局部浸润麻醉。损伤部位靠近阴门时，将损伤部位拉出阴门外进行缝合。如果损伤部位靠前，不易拉出体外，牛可采用双手阴道内缝合：缝线一端留在阴门外以备打结，另一端纫针后带入阴道内，左手在阴道内固定创缘并向外拉紧，右手持针在阴道内行全层连续缝合，每缝合一针后，要将针线拉出阴门抽紧，第一针和最后一针在体外打结后送入阴道内。羊可采用单手阴道内缝合：每次缝合一边创缘后，将针线拉出阴门外抽紧，再送入阴道内缝合另一边创缘，再将针线拉出阴门外抽紧，助手可在体外配合拉紧缝线。缝合后 6 d 内应用抗生素，预防腹膜炎及创口感染，行补液、镇痛等对症和全身治疗，并配合创口的外科一般治疗。

阴道直肠瘘，可按阴道壁穿透创和直肠破裂的缝合方法进行修补闭合。

阴 道 出 血

阴道出血是指妊娠期非外伤性的阴道黏膜出血，多见于妊娠末期的经产老牛，确切的原因尚不清楚，可能与腹压升高，引起阴道或前庭静脉长期高度曲张有关。

● 症 状

阴门及尾根周围附着有血液或血痂，有时亦可看到血液从阴门呈间歇性或点滴状流出，卧下时出血更多，颜色鲜红。阴道检查时，可看前庭或阴道黏膜下静脉血管怒张、弯曲，有时曲张的血管聚积成深紫色球状，触摸或努责即破裂出血。持续长期出血可致贫血，严重时引起母畜及胎儿死亡。

● 治 疗

使患畜保持安静，多立少卧。站立时呈前低后高的姿势以减轻内脏和子宫对阴道的压力。严禁不必要的直肠或阴道检查！

采用硝酸银止血，效果较好。用开膣器扩开阴道，用硝酸银棒涂擦出血部位，直到不再出血为止。阴门瓣出血时可用止血钳将阴门瓣拉出阴门外，用缝合线结扎出血部位。

辅助疗法包括：注射促进血液凝固和止血的药物，如维生素K、抗坏血酸、氯化钙、白明胶等。对于出血较多的病畜，应酌情补液或输血。

阴 道 狭 窄

○病 因

（1）先天性狭窄，是由于胚胎期两侧缪勒氏管形成阴道时，出现融合不全或发育异常，其遗留的残迹引起阴道狭窄，如阴道系带、处女膜肥大等。

（2）幼稚性狭窄，见于饲养不良、配种过早。分娩时阴道发育不充分，弹性小，不能充分扩张。

（3）阴道炎或阴道损伤（撕裂或阴道切开）痊愈后，形成瘢痕性收缩或发生粘连，影响阴道扩张。

（4）分娩过程延滞，或助产粗暴、时间过长，阴道发生水肿或血肿而引起狭窄。

（5）家畜过肥，阴道周围脂肪过多，或脂肪坏死，引起阴道扩张困难。

（6）阴道肿瘤引起狭窄。

○症 状

母畜产力正常，但胎儿长久不能产出。阴道检查可发现狭窄的部位及原因，也能摸到胎儿前置部位受阻的情况。

● 治 疗

轻度狭窄时，向阴道内灌入润滑剂，进行缓慢牵引，逐渐使阴道扩张，否则可行阴道切开术。狭窄严重、阴道肿瘤过大或不宜牵引时，可施行剖宫产术。如果胎儿死亡，可施行截胎术。阴道系带或处女膜阻滞，应予剪断或剪破。

阴门及前庭狭窄

● 病 因

头胎分娩的母畜，一般阴门较狭窄，在安格斯青年牛，阴门—前庭狭窄性难产更为常见，可能与遗传和过肥有关。某些慢性疾病或营养缺乏，致使生殖道发育不良，也可引起本病。阴门撕裂、严重的阴门炎、阴门血肿或脓肿，愈后形成广泛性瘢痕，从而引起狭窄。还见于阴门未完全松弛的早产及流产。

● 症 状

努责时，胎儿前置部分或胎囊露出阴门外，外阴部突出很大，但胎儿不能产出，间歇期外阴部又恢复原状。有时可能在强烈努责时，胎儿冲破会阴而排出。触诊阴门组织感觉不甚柔软，弹性较差，大家畜阴门仅容一只手勉强伸进。

● 助 产

灌入润滑剂，在助手牵引胎儿时，术者要尽量保护阴唇及会阴，使其不发生撕裂。牵引时要缓慢，稳妥，力量适中，以便阴门逐渐扩张。如果估计阴门撕裂不可避免，或胎儿将发生窒息，即行阴唇或会阴切开术。

子宫颈狭窄

原发性子宫颈狭窄是由于胚胎期两侧缪勒氏管发育为子宫颈的部分未完全融合，或发育不全。继发性子宫颈狭窄是由于子宫颈硬化、子宫颈肿瘤、激素不足、分娩无力、子宫颈复旧等因素，使子宫颈开张不全或开张不能。

●症 状

阵缩及努责正常，长久不见胎膜外露和胎水流出，也不见胎儿前置部分，产道检查可见子宫颈与阴道之间界限明显，颈口开张不大。开张不全，是子宫颈口开张不充分，但还能继续开张。产道检查时感觉子宫颈虽然柔软，但松弛不够，颈口仅容3~4指头伸进，施行牵引术尚能勉强拉出胎儿，或胎儿的宽大部分不能拉出。开张不能，是子宫颈口开张得很差，仅容1~2个手指头伸进或更小，虽然产力甚强，但子宫颈口不再继续开张。

●治 疗

子宫颈开张不全且努责不强烈时，不要急于牵引，要耐心等待，并应用雌激素和催产素、葡萄糖酸钙，促进颈口开张，增强子宫收缩力。为促进子宫颈口开张，应向阴道内灌热水、按摩牵引子宫颈、做机械性扩张（手臂、器械、气球、缓慢拉出胎儿等），或在子宫颈口及周围反复涂擦颠茄酊，行颈口周围点状封闭等。

牵引助产无效时，应立即施行子宫颈口切开或剖宫产术。

子宫内翻及脱出

子宫角前端翻入子宫腔或阴道内，称为子宫内翻，或称子宫套叠；子宫角、子宫体和子宫颈甚至一部分阴道翻转脱出于阴门之外，称为子宫脱出。本病多发生在流产或分娩时或分娩之后数小时至 2 d 内。尤其乳牛多发，约占产犊牛的 0.5%。羊、猪也常发生。

● 病　因

1. 激素影响　妊娠末期，雌激素等性激素分泌增多，可使骨盆腔内的支持组织和韧带松弛。

2. 子宫扩张过度　胎儿过大、单胎动物多胎妊娠、胎膜水肿；胎水过多时，子宫弛缓，子宫阔韧带松弛，子宫扩张过度。

3. 孕畜自身因素　如孕畜衰老经产，营养不良，饲料中缺少钙质，以及妊娠期间缺乏运动。

4. 分娩影响　分娩时阴道及子宫受到过度刺激，发生急性炎症或严重损伤，产后继续强力努责。

5. 助产不当，腹压过高　阵缩、努责间歇期间，强行拉出胎儿；或发生腹痛、臌气时。

6. 脐带牵拉　脐带短而坚韧，产出胎儿时，牵拉子宫翻转。

● 症　状

1. 子宫内翻　一般是子宫角尖端翻入子宫腔内而发生套叠。在牛多发生在孕角，马多发生在空角。如向内翻入的组织不多，不伴有发炎，在子宫复旧过程中可自行复位。如果翻入的子宫通过子宫颈而进入阴道内，则表现轻度不安，病牛频繁提尾，经常努责，甚至食欲、反刍减少或停止。

产道检查，可以查出套入子宫腔或阴道内的子宫角尖端为柔软的圆形瘤样物。直肠检查，可发现套叠的子宫角增大变粗，子宫阔韧带紧张。当患畜卧下时，可看到翻入阴道内的子宫角。发生坏死性或败血性子宫炎时，阴道流出污红色发臭的液体，并出现明显的全身症状。

2. 子宫脱出　牛通常是子宫孕角脱出，或孕角与空角同时脱出。可见一个很大的囊状物从阴门中突出，下端可下垂至跗关节附近。脱出的子宫往往还附着部分未脱落的胎衣。黏膜表面布满红色或紫红色的子叶（母体胎盘），并极易出血。牛的母体胎盘呈圆形或长圆形，状似海绵；绵羊的呈浅杯状；山羊的呈圆盘状，仔细观察可以发现脱出的子宫孕角上部一侧有空角的开口。如果两个子宫角同时脱出，则可看到两个子宫角的末端都向内凹陷，其体积大小不等。其中，大的为子宫孕角，上面的胎盘也较大；小的是空角。两角之间无胎盘的带状区域为两个子宫角的分岔处。脱出的部分大而且长者，其中可能包含有子宫颈和一部分阴道。如果尿道受压，排尿往往发生困难，或者不能排尿。脱出的子宫腔内如包含有肠管或膀胱，可通过外部触诊和直肠检查确诊。

牛羊发生子宫脱出时，除出现拱腰、轻度不安和排尿困难外，多数无全身症状。脱出的子宫暴露过久，子宫黏膜及胎盘可能发生坏死，或者继发腹膜炎、败血症而表现出严重的全身症状。

○治 疗

1. 子宫内翻的治疗

（1）手术整复　手臂充分洗净并消毒后，涂上消毒的油类滑润剂。然后伸入阴道，找到内翻套叠的子宫角，轻轻向前推送，尽量使其展平，感觉到子宫壁收缩增厚而腔体变小，即表明已复位。随即向子宫内放（注）入抗生素胶囊（药液）。

（2）药液整复　提起后肢（羊）或抬高后躯（牛），将刺激性小的温热消毒溶液注入阴道及子宫腔内进行整复。常用的药液有0.1%高锰酸钾、0.05%新洁尔灭，用量为牛4 000～6 000 mL，小动物酌减。

2. 子宫脱出的治疗　对子宫脱出的病例，应及时加以整复固定。

（1）保定　最好于四柱栏或六柱栏内站立保定，并使后躯尽可能垫高。

（2）麻醉　采用全身麻醉、硬膜外麻醉、局部麻醉或给予适量的镇静剂。

（3）整复前检查　重点检查脱出的子宫腔中有无内容物，如肠管、膀胱和子宫阔韧带及卵巢系膜等。子宫腔中如有内容物，整复之前必须将它们还纳至腹腔，膀胱中如有积尿，还纳前尚需导尿，使其排空。

（4）脱出子宫的局部处理　整复之前，脱出的子宫必须仔细清洗和消毒。先用阴道脱出中所介绍的消毒液将脱出部分充分洗净，再用温明矾溶液浸泡，使之软化缩小。如有胎衣附着，需预先剥离，子宫上黏附的褥草、泥沙、脏物、粪尿等，必须仔细地清洗干净。脱出子宫上的干痂和坏死组织，必须完全去除干净，并涂以消毒药物。黏膜上如有创伤、破口，须用肠线进行缝合，然后涂布碘甘油或消炎制菌乳剂。

（5）整复子宫

①由子宫基部开始整复法：即从靠近阴门的脱出部分开始整复。具体操作程序是，术者将两手的手指并拢，趁患畜不努责时将脱出部分向阴门内一部分一部分推送，依次将阴道壁、子宫颈、子宫体和子宫角送还原位。病畜努责时停止推送，并由助手协助，用手掌在阴道周围紧紧压迫顶住，防止已送入的部分被病畜努责出来。脱出的子宫全部被送入骨盆腔后，术者将手握成拳头尽量伸入把它推至腹腔，并将它在腹腔中的位置矫正，使形成的皱襞完全展平。此后尚应将手臂在子宫内停留一段时间，待患畜不努责时，才将手慢慢抽出。最后在子宫内放置抗菌消炎药物。

②由子宫角尖端开始整复法：术者将右手握成拳头，伸入脱出子宫角尖端的凹陷内，将它顶住，趁患畜不努责时，轻轻用力向骨盆腔内推进。其余的操作步骤与子宫基部开始整复法完全

相同。

（6）子宫整复后的处理　整复之后，向子宫内注入冷的低浓度消毒液、冷的生理盐水或冷开水 1 500～3 000 mL，不仅可以促进子宫收缩，减少病畜努责，还有助于防止再度脱出，而且借助液体的压力，可以使套叠的子宫角展平。但应注意，对子宫壁薄而脆弱、子宫有严重损伤或破口的病畜，不能应用此法。

整复后继续努责的病畜，除采用局部麻醉方法外，还可缝合阴门加以固定。

子 宫 出 血

子宫出血，可按其发生的时期和病因，分为以下 5 种类型。

1. 发情期子宫出血　处女奶牛或成年奶牛发情后 1～3 d，从阴道排出的黏液中混有鲜红色至暗红色不凝固血液。病因有低磷酸血症、机体酸中毒或血中氯化物含量低下，以及发情期激素变化。发情期激素变化是主要原因，即发情期子宫黏膜在雌激素影响下发生水肿和充血，排卵后雌激素水平降低，水肿和充血消退，黏膜层毛细血管破裂。

2. 妊娠期子宫出血　主要发生于妊娠后期，出血量少时，血液蓄积于子宫腔内，分娩前随子宫颈打开黏液塞一起排出；出血量多时，表现全身贫血和不安症状。大部分妊娠期子宫出血与流产、胎儿死亡和子宫扭转有关。

3. 分娩期子宫出血　大多数由于子宫创伤、撕裂或破裂。轻微的出血，蓄积在子宫腔内，产后子宫收缩时自行止血。大出血则出现急性贫血和休克体征。子宫颈损伤时，出血较多，并成股流出阴门外。子宫体、子宫角损伤时，出血可能流出阴门外，也可能蓄积在子宫腔而不流出，或通过子宫底部破口流到腹腔内。

4. 产后期子宫出血　分娩后，若胎盘附着部子宫复旧不全，则经常从阴门排出血样无臭分泌物，可持续 30～60 d 或更长，产后首次发情前 2 周停止。腹部触诊，可感觉到沿子宫角纵轴有零散的圆形肿块。

●治　疗

牛发情期子宫出血轻微，一般无须治疗。必要时可应用全身止血药或 2%明矾溶液 25 mL 子宫内灌注。妊娠期子宫出血，不宜反复直检和阴道检查，可应用肾上腺素和全身止血药。分娩期子宫出血较少时，首先取出胎儿及胎衣，然后应用催产素、钙剂或止血药。子宫损伤严重，出血较多，而胎儿未产出时，可剖腹取胎并缝合损伤部位。如果胎儿已产出，损伤部位靠近子宫颈，可经阴道进行子宫缝合；当损伤部位距子宫颈较远时，可剖腹缝合，子宫颈损伤性出血，可结扎或压迫止血。胎盘部分复旧不全性出血，多不治而自愈，也可应用孕酮治疗。少数贫血严重的，可考虑输血。

子宫内膜炎

子宫内膜炎可分为产后子宫内膜炎和慢性子宫内膜炎。前者是产后子宫内膜的急性炎症，多有全身症状；后者多为缺乏全身症状的局部感染，是不孕的主要原因之一。

●病　因

急性子宫感染多发生于分娩时或产后。分娩过程中，胎儿排出或手术助产时可能造成子宫或软产道表层的损伤。产后子宫颈开张，子宫内的分泌物及残留的胎衣碎片为微生物的侵入和繁殖创造了条件。尤其是在发生难产、胎衣不下、子宫脱出、子宫复旧不全、流产或死胎遗留在子宫内时，均能导致子宫发炎。

引起子宫感染的微生物很多，各种动物的主要共同病原有大肠杆菌、链球菌、葡萄球菌、棒状杆菌、变形杆菌、嗜血杆菌，还有一些特殊病原，如牛羊的布鲁氏菌、支原体、牛鼻气管炎病毒、牛病毒性腹泻病毒、胎儿弧菌和滴虫，以及马的沙门氏菌等。

● 症 状

1. 产后子宫内膜炎 病畜拱背、努责，从阴道中排出黏液性或黏脓性分泌物，严重者分泌物呈污浊暗红色或棕色。卧下时排出量较多。体温升高，精神沉郁，食欲、产奶量明显降低，牛、羊反刍减弱或停止，并有轻度臌气，常不愿哺乳。

2. 慢性子宫内膜炎 可分以下 4 种病型。

（1）隐性子宫内膜炎 临床上不表现症状，发情期正常，但屡配不孕。

（2）慢性卡他性子宫内膜炎 从子宫及阴道中经常排出一些黏稠浑浊的液体，垂吊于阴门下角，发情时或卧下时排出较多。

（3）慢性卡他性脓性子宫内膜炎 病畜常有精神不振、食欲减少、逐渐消瘦、体温略高等轻微的全身症状，发情周期不正常，阴门中经常排出灰白色或黄褐色的稀薄脓液或黏稠脓性分泌物。排出物可污染尾根和后躯，形成干痂。

（4）慢性化脓性子宫内膜炎 从阴门中经常排出脓性分泌物，卧下时排出较多。排出物污染尾根及后躯，形成干痂。病畜可能消瘦和贫血。

● 诊 断

产后子宫内膜炎，可根据临床症状及阴门中排出的分泌物性状做出诊断。

慢性子宫内膜炎，可根据临床症状、发情时分泌物的性状、阴道检查、直肠检查和实验室检查做出诊断。

1. 发情时分泌物性状检查　正常分泌物，量较多，清亮透明，可拉成丝状。子宫内膜炎病畜，分泌物量多而稀薄，不能拉成丝，或量少而黏稠，浑浊，呈灰白色或灰黄色。

2. 阴道检查　子宫黏膜不同程度肿胀和充血。子宫颈口闭锁不全的，可见有不同性状的炎性分泌物经子宫颈口排出。如子宫颈封闭，则无分泌物排出。

3. 直肠检查　子宫角变粗，子宫壁增厚，弹性变弱，收缩反应也微弱。

4. 实验室诊断

（1）子宫回流液检查　冲洗子宫，镜检回流液，可见脱落的子宫黏膜上皮细胞、白细胞或脓细胞。

（2）发情时分泌物化学检查　4‰氢氧化钠 2 mL，加等量分泌物，煮沸冷却后无色为正常，呈微黄或柠檬黄色为阳性。

（3）分泌物生物学检查　在加温的玻片上，分别加 2 滴精液，1 滴加被检分泌物，1 滴做对照，镜检精子活动情况。精子很快死亡或被凝集者为阳性。

（4）尿液化学检查　实质是检查尿中组胺是否增加。取 5‰硝酸银 1 mL，加尿液 2 mL，煮沸 2 min。形成黑色沉淀者为阳性，褐色或淡褐色为阴性。其检出率可达 70% 以上，但和卵巢疾病有交叉反应。

（5）细菌分离　无菌操作采取子宫分泌物，分离培养细菌，以鉴定病原菌。

○治　疗

总原则是抗菌消炎，促进炎性产物的排出和子宫机能的恢复。

1. 子宫冲洗　产后子宫内膜炎或慢性子宫内膜炎，可用 1%的盐水冲洗子宫，以促进炎性产物排出，防止吸收中毒。但子宫破损时严禁冲洗子宫，否则可造成炎症扩散。

多胎动物的子宫角很长，灌入的液体很难完全排出，一般不提倡冲洗子宫。特别是牛慢性子宫内膜炎，也不宜冲洗子宫。原因在于其子宫颈管细而长，子宫角下垂，注入的液体不易排出；输卵管的宫管结合部呈漏斗状，注入大量液体可经输卵管流入腹腔。子宫已复旧的牛，子宫注药的容积也应严格控制，育成牛不超过 20 mL，经产牛为 25～40 mL。

2. 宫内给药　子宫内膜炎的病原非常复杂，且多为混合感染，宜选用抗菌范围广的药物，如四环素、庆大霉素、卡那霉素、红霉素、金霉素、土霉素等。产后子宫内膜炎时，子宫颈尚未完全关闭，可直接将抗菌药物 1～2 g 投入子宫，或溶于少量生理盐水经导管注入子宫，每日 2 次。中小动物可每日向子宫内注入 5%～10%呋喃唑酮混悬液，羊一般为 10～20 mL。羊慢性子宫膜炎，子宫颈口关闭，可肌内注射抗生素。牛慢性子宫内膜炎可选用溶解度低、吸收缓慢的抗菌药物或剂型，用直肠把握法将 B 型输精管通过子宫颈送入子宫，直接注入子宫腔。疗效较好的药物有头孢类抗菌药、尿素（化学纯）。

3. 激素疗法　对产后急性病例注射催产素或麦角新碱，以促进炎性产物排出。催产素剂量为牛 20 IU，羊 10 IU，每日 3～4 次，连用 2～3 d。每 3 d 注射雌二醇 8～10 mg，对有渗出物蓄积的病例，注射后 4～6 h 再注射催产素 10～20 IU。前列腺素 $F_{2\alpha}$（prostaglandin $F_{2\alpha}$，$PGF_{2\alpha}$）及其类似物对产后子宫内膜炎也有较好疗效。

4. 胸膜外封闭疗法　主要用于治疗牛子宫内膜炎、子宫复旧不全，对胎衣不下及卵巢疾病也有一定疗效。方法是在倒数第 1、2 肋间，背最长肌之下凹陷处，用长 20 cm 的针头与地面呈 30°～35°进针，针头抵达椎体后稍微退针，使进针角度加大 5°～10°向椎体下方刺入少许。刺入正确时，回抽无血液气泡，针头可随呼吸摆动。注入少量药液后取下注射器，药液不吸入，并可能从针头中涌出。确定进针无误后，每千克体重用 0.5% 普鲁卡因 0.5 mL，分别注入两侧。

5. 生物学疗法　将乳酸杆菌或人阴道杆菌接种于 1% 葡萄糖肉汤培养基，37～38℃ 培养 72 h，使每毫升培养物中含菌 10 亿～50 亿个。吸取 4～5 mL 注入病牛子宫，经 11～14 d 可见临床症状消失，20 d 后可恢复正常发情和配种。

6. 人工诱导泌乳　人工诱导泌乳可使子宫颈口开张，子宫收缩增强，促进炎性产物的清除和子宫机能的恢复。方法是：每日按每千克体重皮下注射苯甲酚雌二醇 0.1 mg，孕酮 0.25 mg，连用 7 d，停药 5 d，再按每头牛每日肌内注射利血平 4～5 mg（或 15-甲基 $PGF_{2\alpha}$ 2～4 mg），连用 4 d。处理期间每日用温水擦洗按摩乳房及乳头 2～3 次，每次 15～20 min。全部处理完毕即开始挤奶，产奶量开始较少，逐日增多，在产奶后 30～70 d 达到高峰。一旦开始泌乳，一般可维持一个泌乳周期。

子宫积脓和子宫积液

子宫积脓（pyometra），是子宫腔中蓄积脓性或黏脓性液体。多发于牛及山羊。子宫积液，即子宫内积有大量棕黄色、红褐色或灰白色的稀薄或黏稠液体。蓄积的液体稀薄如水者也称子宫积水。

● 病　因

牛子宫积脓大多在产后早期（15～16 d）继发于分娩期疾病，如难产、胎衣不下及子宫炎。配种之后发生的子宫积脓，多因配种时胚胎死亡后感染所致。在发情周期的黄体期给动物输精，或错误地给孕畜输精及冲洗子宫，常引起流产而导致子宫积脓。子宫积脓的病原菌主要是布鲁氏菌、溶血性链球菌、大肠杆菌、化脓性棒状杆菌等。

羊的子宫积脓，还多发于分娩及配种之后，但发病率不高。

子宫积液的病因与子宫积脓基本相同，多继发于子宫内膜炎、卵巢囊肿、卵巢肿瘤、持久处女膜、单角子宫、假孕，是雌激素/孕激素长期刺激的结果。

● 症 状

患牛的特征包括乏情，卵巢上存在持久黄体，子宫积有脓性或黏脓性液体。积脓数量在 $200\sim2\,000$ mL。产后子宫积脓病牛，子宫颈开放，躺卧或排尿时从子宫中排出脓液。阴道检查，阴道内积有脓液，颜色黄、白或灰绿。直检子宫壁变厚，有波动；子宫的体积与怀孕 6 周至 5 个月的相仿，两子宫角大小不对称者居多，摸不到子叶、胎体及怀孕脉搏；卵巢上存有黄体。病牛一般不表现全身症状，有时在初期体温略高。

子宫积液的临床表现不一。起因于缪勒氏管发育不全的，乏情极为少见；卵巢囊肿引起的，普遍有乏情现象。大多数母畜子宫壁变薄，单侧或双侧子宫角积液。子宫颈扩大，充满黏稠液体的，称为子宫颈积液。

● 治 疗

1. 前列腺素疗法 牛子宫积脓及积水，应用前列腺素治疗，效果良好。$PGF_{2\alpha}12.5\sim30$ mg 肌内注射，24 h 后子宫中的积液排出，经过 $3\sim4$ d 表现发情。

2. 冲洗子宫 冲洗子宫是子宫积脓或积液的通用有效疗法。常用的冲洗液有高渗盐水，$0.02\%\sim0.05\%$高锰酸钾，$0.01\%\sim0.05\%$新洁尔灭，含 $2\%\sim10\%$复方碘溶液的生理盐水，以及加有抗生素的生理盐水等。冲洗后注入抗生素液或塞入抗生素胶囊，则效果更好。

牛子宫积脓，在分娩 3 周以后，尤其化脓性棒状杆菌和革兰氏阴性厌气菌引起的，应用青霉素灌注比较适宜。土霉素抗菌谱广，是首选抗菌药物。

氨基糖苷类抗生素，如庆大霉素、卡那霉素、链霉素及新霉素等，在子宫厌氧环境中均难发挥作用，不宜应用。

3. 雌激素疗法 雌激素能诱导黄体退化，引起发情，促使子宫颈开张，子宫内容物排出，可用于治疗子宫积脓或积水。缺点在于可能造成感染扩散，导致粘连和炎症，长期使用还可诱发卵巢囊肿。因此不能长期重复注射。

4. 摘除黄体 摘除黄体后会出现发情，排出子宫内容物。但子宫积脓时，黄体比较硬实，很难挤破，而且术后易发生出血和粘连。

子 宫 扭 转

本病各种动物均可发生，最多见于牛，尤其奶牛。

● 病因与发病机理

1. 解剖生理因素 奶牛妊娠子宫小弯背侧由子宫阔韧带悬吊，大弯游离于腹腔，位于腹底壁，依靠瘤胃及其他内脏和腹壁支撑。这样的解剖结构加上牛的特殊起卧方式，即卧下时前肢先跪下，起立时后躯先爬起，以致起卧时一旦滑倒或跌跤，游离在腹腔内的妊娠子宫就可能发生扭转。

2. 妊娠子宫张力不足 妊娠子宫羊水量不足，子宫壁松弛，非妊娠子宫角体积小，子宫系膜松弛，易发生子宫扭转。

3. 机械因素 跌倒、爬坡和翻滚等体位急剧改变，尤其在犬和猫，可能是重要病因。

4. 未妊娠子宫积脓 牛子宫扭转的程度相差很大。90°扭转的占10%，180°扭转占52%，270°扭转占28%。360°扭转占9%，360°以上扭转占1%。根据上海牛奶公司奶牛场10年统计资料，奶牛发生子宫扭转90°占65.2%，180°扭转占16.7%，270°扭转占6%，360°扭转占12.1%。

● 症 状

1. 产前子宫扭转 孕畜腹痛，随着病程的延长，腹痛逐渐加剧，表现摇尾、前蹄刨地，回顾腹部，后肢踢腹，卧地不起或打滚；病畜背腰拱起，不时努责或表现不同程度阵缩，但阴门不露胎儿和胎膜。

2. 临产子宫扭转 病牛表现烦躁不安，踏步、后肢踢腹，频频挥动尾巴。食欲废绝，呈现里急后重或分娩第二期特征性腹肌收缩（努责）现象。

继发于子宫坏疽、子宫破裂和胎儿气肿的，表现精神抑郁、脉搏微弱、严重衰竭、体温低下、肢端厥冷等危重的全身症状。

子宫扭转偶尔引起子宫血管破裂，发生严重的失血性贫血。

阴道检查：临产时扭转部位在子宫颈之前，且不超过 $360°$ 的，子宫颈口稍微张开并偏向一侧。扭转超过 $360°$ 的，则子宫颈管闭合，也不偏向。阴道视诊，见子宫颈阴道部呈紫红色、子宫颈红染。产前子宫扭转，阴道无明显变化。

扭转发生在子宫颈之后的，不论产前抑或临产，均可见阴道前壁紧张，阴道腔越向前越狭窄，前端还有或大或小的螺旋状皱襞。阴道腔和皱襞的走向与扭转方向一致，将手背紧贴阴道上壁前伸即可感知。阴道前端的宽窄、皱襞的大小，取决于扭转的程度。扭转不超过 $90°$ 的，手可自由通过，达到 $180°$ 时，手仅能勉强伸入，阴道前端底壁都可摸到较大皱襞，皱襞前的管腔弯向一侧；达到 $270°$ 时，手就不能伸入，$360°$ 时管腔闭，以致看不到子宫颈口，只能见到阴道前端细小的皱襞。

直肠检查：子宫颈前扭转，主要发生在妊娠后 3 个月，可在耻骨前缘摸到子宫体扭转处呈似软而实的物体，两侧阔韧带由此处交叉，一侧韧带在其上前方，另一侧韧带则在其下后方。

扭转不超过 $180°$ 的，下后方韧带比上方韧带紧张，子宫向紧张一侧扭转；超过180°的，两侧韧带均紧张，静脉怒张。

子宫颈后部扭转，阴道一并扭转，扭转后端位于骨盆前缘，胎儿的腿偶尔也伸入阴道。阴道呈螺旋形皱褶，使子宫颈拉紧，偶尔能触到子宫体，胎儿为纵向、侧位或下位。

羊子宫扭转的症状和牛大致相同。

● 治　疗

主要是矫正扭转的子宫和移动胎儿。

1. 通过产道回转胎儿和子宫　解救子宫扭转难产的一种最常用方法，适合于分娩过程中发生、扭转程度小、胎儿前置部分已进入阴道的病例。前低后高站立保定。术者手伸入产道，尽可能伸向子宫，握住胎儿某一部分，通常是腿的掌部和跖部，弯曲膝关节或跗关节，向上向对侧翻转并扭转腿部（根据胎位、朝向和子宫扭转方向决定用左手或右手来握住胎儿），定时地把胎儿和子宫在 25～30 cm 范围内前后摇动，然后突然翻转胎儿和子宫，使之矫正复位。但有些病例要进行充分的硬膜外麻醉，预防努责；产道干燥的要用润滑剂；胎膜未破的，则要刺破胎膜放出胎水，以减少子宫的体积和重量。亦可边翻转边用绳索牵引前置的上面的前肢，向扭转的对侧牵拉，以便在牵拉矫正胎儿的同时，一并矫正子宫，拉出胎儿。

2. 翻转母体法　一种最古老最简单的方法。翻转牛时需要 3～6 人，最好在斜坡草地上进行，头略低于后躯；对于体格强悍的牛，应给予镇静药或镇定药。使牛倒卧于扭转方向的一侧，分别将两前肢和两后肢拴在一起，缚前后肢的绳索末端留下约 80cm 的长头，牛头用另一绳索拉住，必要时牵住鼻子，前后肢不得缚在一起，以免压迫腹腔，妨碍子宫回转。

术式：两助手立在母畜背侧，分别牵拉前后肢的绳头，另一助手牵拉住头部，准备妥当后，将母体向子宫扭转的方向翻转，头亦随着翻转，由于母体翻转快速，而子宫及其胎儿相对不动，扭转得以矫正。

子宫复位的标志是阴道前端开大，皱襞消失。否则应恢复原卧位，重新翻转。曾有报道一头病牛翻转 49 次，终将子宫矫正。

3. 改良翻转母体法 即 Schaffer's 法，又称腹壁加压翻转法。其基本操作方法和翻转母体法相同。区别在于腹壁上放置一块长约 3 m、宽约 25 cm 的厚木板，最好使木板中部置于腹胁部最突出的部位上，一端着地，助手站立，另一端由术者帮助固定，以防止滑向腹部后方，并指挥同时翻转头部及前后肢，按扭转子宫的方向向对侧翻转母体。每翻转一次就应进行产道检查或直肠检查，以确定是否得到了矫正。绝大多数病例都能在第一次翻转就得到矫正，效果颇好。

4. 剖腹矫正和剖宫产术 剖腹进行腹腔内矫正对妊娠期子宫扭转和子宫颈闭锁的子宫扭转病例特别有价值。施术时的保定、麻醉及腹壁切开术式和剖宫产术不同。牛以站立保定、右肷部切开为宜。

子宫向右侧扭转的，术者的手臂沿子宫和腹壁间伸向腹腔底部触到柔软的子宫，隔着子宫壁抓住胎儿身体某一部分（通常是腿部），交替地抬高和放下子宫，上下做 25～30 cm 的弧形摇动，最后用力抬高子宫，并拉向腹中线，再放下子宫，完成一次矫正过程。

子宫向左侧扭转的，则术者手臂越过子宫顶部再向下插到瘤胃和子宫之间，用同样方法抬高、放下和摇动子宫，最后用力抬高子宫，拉向右侧回转或侧壁回转并放下，完成矫正过程。

对分娩时宫颈未开张的子宫扭转病例，可施行剖宫产术。切开子宫壁，取出胎儿，矫正子宫。

绵羊和山羊子宫扭转，可提高后肢，翻转身体，进行矫正。必要时剖腹矫正。

子宫弛缓

子宫弛缓是指子宫平滑肌紧张性和收缩力减退或丧失。有机能性和器质性之分。主要发生于牛，其他家畜少见。

● 病 因

缺乏运动、潮湿、寒冷、长时期热应激、年老、消瘦，以及脑下垂体后叶机能不全，垂体后叶素分泌减少，均可引起机能性子宫弛缓。子宫器质性弛缓，继发于子宫肌层炎症，子宫肌结缔组织增生，神经感受器对刺激的感受性低下。

● 症 状

全身无变化，只是发情周期紊乱，发情和性欲不规则，表现不明显，即使显示发情也不排卵，长期不孕。直肠检查：子宫略增大，宫壁松软，无痛感。按摩子宫，收缩力微弱或消失，一侧卵巢有黄体。

● 治 疗

静脉注射 40% 葡萄糖（每千克体重 0.2 g），10% 氯化钙（每千克体重 0.025 g），每日 1 次，连续 3 d 或以上。垂体后叶素或催产素每 100 千克体重 5～6 IU，皮下注射。1% 人造雌酚油溶液 2～4 mL，肌内注射。经直肠按摩子宫，每 2～3 d 1 次，每次 5～10 min，连续 2～3 周。

子宫复旧不全

分娩后子宫恢复到正常未妊娠状态的过程延迟，称为子宫复旧不全。多发生于年老经产家畜，尤其是经产牛。

病 因

病理分娩、子宫脱出、胎膜滞留、胎水过多、胎儿过大、多胎妊娠等，使子宫过度伸展，子宫收缩力减弱；长期中毒，子宫肌层炎或持久性黄体；妊娠期和产后期缺乏运动，子宫感受器兴奋性低下。

症 状

恶露滞留或排出时间延长，最初 4～5 d 排血样恶露，以后变成化脓样。子宫颈管于产后 12～15 d 仍然开放。直肠触诊，子宫伸展，子宫壁松软，收缩力微弱或消失，往往有波动感（恶露潴留）。一侧卵巢有持久性黄体，常继发子宫内膜炎等产科疾病，造成不孕。

治 疗

与子宫弛缓基本相同。注意加强运动。恶露潴留或有持久性黄体动物，可肌内注射 15-甲基 $PGF_{2\alpha}$，或氯前列烯醇，有良好效果。按摩子宫、经直肠挤掉黄体或用 10% 温生理盐水、1∶5 000 呋喃西林液冲洗子宫亦可。

输 卵 管 炎

所有动物均可发生输卵管炎，牛更常见。Carpenter、Willian 和 Gilman（1921）报道，1 200 头母牛中大约 50% 有输卵管炎。输卵管炎常伴发于子宫内膜炎，或继发于子宫感染。患输卵管炎时，管腔闭塞，分泌物积聚，称为输卵管积液（或积脓）。有时在输卵管内膜上可形成很多大小不一的囊肿。输卵管伞部和卵巢粘连时，形成卵巢输卵管囊肿。所有这些输卵管疾病，均不表现临床症状，但影响受孕，是不孕症的一个常见病因。

卵 巢 囊 肿

　　卵巢囊肿是牛、马、猪、犬，尤其是乳牛的多发病，亦是这些动物不孕症的最常见原因。卵巢囊肿时，卵泡为自然发生的持久性不排卵卵泡，可使动物受精力下降。囊肿卵泡伴有内分泌曲线图及相应行为表现异常的，通称卵巢囊肿。

　　牛卵巢囊肿，又称为卵巢囊肿变性或机能障碍、格拉夫氏卵泡囊肿变性、囊肿卵巢、黄体囊肿或黄体化囊肿和囊肿黄体。

　　卵泡囊肿和黄体囊肿是卵巢囊肿的特殊形式。卵泡囊肿和黄体囊肿是不排卵的或提前排卵的囊肿。

　　卵泡囊肿的标准是卵泡直径大于 2.5 cm 仍不排卵，且在卵巢上持续存在至少 10 d，表现为频繁而持续的发情（慕雄狂）或根本不发情。

　　黄体囊肿亦是不排卵的卵泡，卵泡黄体化直径超过 2.5 cm，且持续存在较长时间，通常亦不发情。

●病　因

　　卵巢囊肿系起因于控制卵泡成熟和排卵的神经内分泌机制障碍。其发病环节尚不清楚。

　　1. 缺乏黄体生成素（luteinizing hormone，简称 LH）　试验证明，注射富含 LH 的促性腺激素，对卵巢囊肿有很高的特异性治疗效果，据此认为，本病可能起因于排卵前或排卵时黄体生成素的释放量不足。

　　2. 医源性原因　临床上应用雌激素治疗雌畜疾病而诱发卵巢囊肿的例证很多。给发情周期正常牛注射大剂量的雌激素，如雌二醇或己烯雌酚，或长时间应用小剂量雌激素，可能因干扰正常的 LH 释放，而产生卵巢囊肿。新近资料表明，给间情期后期和发情前期早期的牛应用雌激素，发生卵巢囊肿的百分率都很高，而发情周期的其他阶段则不然，但产后其他疾病乳牛应用雌激素制剂（己烯雌酚、雌二醇等），对卵巢囊肿发病率并无影响。

3. 饲料的影响　卵巢囊肿发病率很高的牛群，应首先考虑是否因摄取含雌激素量高的饲料所致，如红三叶、豌豆青贮料。发霉的干草和霉变的青贮料中含有霉菌毒素赤霉烯酮。20 世纪50 年代末，以色列乳牛群中流行的雌激素样综合征，就是饲喂大量这样的苜蓿干草所致。

4. 遗传因素　有迹象表明，慕雄狂或卵巢囊肿有遗传性。在荷斯坦牛等品系中，卵巢囊肿呈明显的家族性发生，淘汰具有卵巢囊肿遗传素质的母牛，其后裔的发病率即显著下降。

5. 内分泌动态　促性腺激素释放异常是引起牛卵巢囊肿的一个重要原因。下丘脑对雌激素的正反馈反应或垂体对促性腺激素释放激素（gonadotropin-releasing hormone，GnRH）反应发生障碍，都可导致 LH 释放量降低、不排卵和囊肿形成。给牛注射 LH 特异性抗血清以中和 LH 排卵，可试验性地诱发牛卵巢囊肿。卵巢囊肿牛垂体，对外源性 GnRH 有反应，能释放出 LH，所含 GnRH 的受体量同正常牛垂体一样，没有什么差异；囊肿对 LH 或人绒毛膜促性腺激素（human chorionic gonadotropin，hCG）亦有反应，注射外源性 LH 或 hCG 或使这种激素内源性升高，能使这种不排卵的卵泡或囊肿排卵并黄体化，且产生孕酮。卵泡对 LH 排卵波的反应能力，取决于卵泡成熟期间及时诱导出的 LH 受体量。不排卵及随后发生的囊肿，都是由于成熟卵池内无充足的 LH 受体。排卵障碍，亦是成熟前 LH 受体量规律性下降所造成的。

卵巢囊肿牛垂体腺，特别是肾上腺比正常牛大，表现雄性化行为和外貌，尿液内 17-甾酮含量升高，特称"肾上腺雄性化"综合征，但有的学者认为牛卵巢也能产生雄性激素。Short 对囊肿卵泡内甾体激素进行过研究，认为囊肿卵泡内甾体激素的绝对浓度和相对含量在动物间和个体之间差异都很大，囊肿大小和激素浓度之间无相关性。

● 症 状

　　牛卵巢囊肿，多见于产后 15～45 d，部分病例延迟至产后 120 d 才发生。发病率为 5%～20%。按性行为表现分两种类型：一是频繁或持续性发情即慕雄狂，一是根本不发情。后者多于前者。不发情卵巢囊肿的发病率，产后 60 d 为 80%～87%，80～150 d 为 26.4%。

　　慕雄狂牛表现频繁、不规则、长时间、持续地发情，神情紧张、不安和频频吼叫，极少数牛性情凶猛。在任何时间都接受公牛交配，偶尔亦接受其他母牛爬跨。绝大多数是频繁地爬跨其他母牛而拒绝让其他母牛爬跨。有的牛则出现公牛般的性进攻行为，舔吮或爬跨临近发情或已经发情的母牛。这一同性性交行为是病情恶化的表现，特称公牛化。

　　不发情的卵巢囊肿动物，几个月或更长时间看不到发情。有些牛发情不明显，往往检查不出而被疏漏。有些卵巢囊肿开始时为不发情型，以后变为慕雄狂型。也有由慕雄狂型转为不发情型的。

　　卵巢囊肿最常见的突出体征，是荐坐韧带松弛，尾根毗邻处尤为明显。少数病例在爬跨其他牛时，因骨盆韧带松弛，而造成髋关节脱臼和骨盆骨折。整个外生殖器官轻度水肿和弛缓，阴唇增大、松弛、水肿。慕雄狂牛还可能发生阴道脱出和阴道积气。阴门排出的黏液数量增多、黏稠而不呈丝缕状，不如发情黏液那样透明，其中无白细胞。子宫颈外口增大、扩张、松弛。

　　直肠检查：骨盆韧带明显松弛，子宫颈尤其外口增大，子宫亦增大，子宫壁增厚、松软，有的体积缩小，质地松软。一侧或两侧卵巢有 1 个或 2～4 个直径为 3～7.5 cm 的囊肿，呈圆柱形、壁薄容易破裂。卵巢上无黄体，也无黄体组织，甚至无囊肿黄体存在。不发情牛偶尔出现黄体囊肿或黄体化囊肿，囊壁较厚，触之有波动。囊肿卵泡直径多大于 2 cm，卵泡壁较厚。

病程长的典型慕雄狂病例，骨盆韧带松弛而骨盆突出，荐坐韧带松弛而尾根高耸，特称"不育隆起"。坐骨结节也抬高，腰荐关节向腹下塌陷，以致步态不稳。长期站立的病例，可能发生子宫积水。

卵巢囊肿对增加产乳量有明显的影响，不发情型病牛的乳产量比慕雄狂型高。病程长的卵巢囊肿病牛产乳量高。但乳汁味苦、味咸。

● 治 疗

1. 人工挤破囊肿 最早的治疗方法是通过直肠挤破囊肿。但治愈率比较低，还可能造成炎症、出血和粘连。产后 20～40 d，常发现直径 4～6 cm 的大卵泡囊肿，检查过程中较易挤破。挤破壁厚的黄体囊肿，不宜过分用力。

2. 应用黄体生成素（LH） 应用 hCG、垂体抽提物 PLH（pituitary lactotropin homology，垂体乳溢素同源物）来治疗牛卵巢囊肿，至今已 50 余年，现今仍然是治疗牛卵巢囊肿的良药。连续应用 hCG 或 LH 能刺激黄体组织生长发育，使卵泡囊肿和卵泡黄体化。应用剂量：hCG 静脉注射 5 000 IU，肌内注射 10 000 IU；LH 肌内注射 100～200 IU。必须注意，促性腺激素是天然蛋白，来自别种动物，而不是牛，再次注射后体内会产生抗体，效果减弱。新近研制出的精制促性腺激素，抗原性弱，不会产生抗激素。

3. 应用孕激素 孕酮或其他制剂治疗牛卵巢囊肿，旨在阻止发情行为。应用剂量：孕酮油溶液 50～100 mg，皮下注射，14 d 为一疗程。注射后几天内，约有 60% 的牛开始正常发情，50% 的牛于 45 d 后接受配种。缓释孕酮 750～1 500 mg，肌内注射后 36～72 h，慕雄狂症状消失；十二癸酸孕酮 200～500 mg，于挤破囊肿后肌内注射，经 10～14 d 开始发情，但性行为表现不明显。

4. 应用 GnRH　从下丘脑分离获得的能控制垂体 LH 释放的促性腺激素释放激素，称为黄体生成素释放激素（Luteinizing hormone releasing hormone，简称 LHRH）或促性腺激素释放激素（GnRH）。现有国产制剂促排 A（LRH-A）、LRH-A$_3$、LRH-Ⅱ 等，一次肌内注射 0.5～1 mg。所有经治疗的牛对 GnRH 都有反应，释放出 LH（约为100%），绝大多数（90%～95%）都能形成有活性的黄体组织，第一次发情受精率达到 50% 以上。

胎　衣　不　下

各种家畜分娩出胎儿后胎衣排出的时间，牛为 3～8 h，马为 0.5 h，羊为 0.5～2 h，猪为 0.5 h，犬为 10～15 min。超过这些时限很久，如牛超过 12h 仍不能完全排出胎衣，即为病理现象，称为胎衣不下或胎衣停滞。

本病最常见于牛，尤其奶牛，其他家畜也可发生。在非布鲁氏菌病感染区，奶牛正常分娩后胎衣不下的发病率为 7%（3%～12%），在分娩异常（如双胎、剖宫产、截胎、难产、流产、早产）时或布鲁氏菌病流行区牛群，发病率可达 30%～50% 或更高。发生过胎衣不下的母牛，再次发病的可能性增大。肉牛的发病率为 1% 左右。

病因及发病机理

临近分娩时，胎儿和母体胎盘中的结缔组织已胶原化，子宫肉阜附近腺窝上皮开始平展；分娩开口期子宫阵缩时，伴随交替出现的局部缺血和充血，胎儿微绒毛表面积亦发生相应变动，绒毛膜上皮与子宫腺窝的结合逐渐松动；胎儿排出及脐带断裂后，胎膜绒毛血管收缩，绒毛膜上皮表面积更加减小；子宫回缩复旧，则胎膜与子宫完全脱离而排出体外。下列各种原因，可通过干扰或阻碍上述过程的某个环节而致病。

1. 胎盘不成熟　胎盘在妊娠后期分娩之前有一个受激素控制的成熟过程，在牛主要包括子宫肉阜结缔组织逐渐胶原化、母体子宫腺窝上皮组织数量减少且变扁平等。至少需要经受高水平 17β-雌二醇和雌酮作用 5 d 以上，才能完成这一成熟过程。许多因素可使妊娠期缩短，胎盘不能完成成熟过程而导致胎衣不下，如应激、免疫接种引起的变态反应、激素诱导性分娩、流产、传染病（特别是布鲁氏菌病）造成的流产，某些药物中毒、子宫损伤、子宫过度扩张（多胎、胎水过多、巨型胎儿、双胎、胎儿畸形）等。妊娠期间发生的流产，胎衣滞留率高达 50%。

2. 绒毛水肿　正常情况下，胎儿排出及脐带断裂后，胎膜绒毛中的血液含量即急剧减少，体积和面积均大为减少，因此很容易与子宫分离。绒毛水肿时，胎盘的分离会受到阻碍，如子宫扭转、剖宫产病牛，胎儿子叶往往出现严重的水肿，甚至延伸到绒毛末端，以致胎膜牢固附着在胎盘突表面而不能分离。

3. 妊娠期延长　妊娠期延长，胎盘结缔组织增生，也可阻止胎盘分离。延期妊娠的主要原因有：胎儿肾上腺或垂体发育不全、遗传因素等。

4. 胎盘充血　如胎儿胎盘绒毛或母体胎盘充血。

5. 胎盘发炎或坏死　胎盘发炎，轻则引起绒毛充血肿大，重则使胎盘坏死粘连。

6. 子宫乏力　胎儿娩出后，子宫继续阵缩，是促使胎膜排出的主要动力。各种原因，如营养不足，循环障碍，激素失调，代谢性疾病（低血钙、酮病等），慢性疾病，难产，子宫扭转，运动不足等，均可导致子宫乏力，而使子宫阵缩减弱，甚至过早停止阵缩。

7. 激素失常　分娩前 4～5 d，17β-雌二醇降低而 17α-雌二

醇升高；分娩前后 1 d 左右，雌激素升高及孕激素下降的幅度太小；分娩前孕酮含量一直较低；分娩时雄激素水平过高；围产期血液中催乳素水平降低等。此外，PGs 分泌异常可能也对胎衣不下起某种作用。有人认为，患胎衣不下的病牛胎盘中 $PGF_{2\alpha}$ 含量不及正常牛的一半，而前列腺素 E（prostaglandin E，PGE）增高，与正常牛的 PGE 降低和前列腺素 F（prostaglandin F，PGF）升高恰好相反。

羊胎衣不下，病因基本与牛的相同，但发病率低。

临床表现

1. 胎衣全部不下 即整个胎衣未排出来，胎儿胎盘大部分仍与母体胎盘相连，仅见一部分已分离的胎衣悬吊于阴门之外。羊露出的部分主要为尿囊膜、绒毛膜，呈土红色，表面有许多大小不等的胎儿子叶。

2. 胎衣部分不下 即只有一部分或个别胎儿胎盘（牛、羊）残留在子宫内，不易发现。

（1）牛 80％左右无明显的全身症状，有的食欲减退，产乳量减少。经过 1～2 d，滞留的胎衣就会腐败分解，夏天腐败更快。阴道排出红色恶臭液体，含腐败的胎衣碎片。由于感染及腐败胎衣的刺激，常继发急性子宫内膜炎。腐败分解产物吸收，则出现毒血症症状。

（2）羊 症状较轻。如果体温升高，精神沉郁，则表明已有感染，子宫内存在炎症。

治疗

要点在于加快胎膜排出，控制继发感染。

1. 剥离胎衣 适用于大家畜（牛、马），为首选疗法，体格较大的羊也可试用。牛胎衣剥离最好在宫颈未缩小到手不能通过（一般是产后 2～3 d）之前进行。手术剥离胎衣，可促进子宫按时复旧，减少继发感染，但操作费时费力，必须技术熟练，否则极易引起损伤。再者，剥离务求完全彻底，子宫内要放置抗菌防腐药物，并施行全身抗生素疗法。

2. 抗生素疗法　牛产后 12 h 仍未排出胎衣的，即应将广谱抗生素装于胶囊，以无菌操作送入子宫，隔日 1 次，共用 2～3 次，以防止胎膜腐败和子宫感染，等待胎盘分离后自行排出。其他一些抗生素（如青霉素），以及磺胺类药物也可用于子宫内治疗。对分娩已久而子宫颈口已收缩的母牛，可先用雌激素，促使子宫颈口松弛开张，再放置药物，并按常规方法进行全身抗生素治疗。

羊可用输精器进行抗生素子宫内投入。必要时全身应用抗生素。

3. 激素疗法　可应用促使子宫颈口开张和子宫收缩的激素。在牛，每日注射雌激素 1 次，连用 2～3 d，并每隔 2～4 h 注射催产素 30～50 IU。羊可注射催产素 5～10 IU，2 h 后可重复用药。

4. 补钙疗法　钙剂可增强子宫收缩，促进胎衣排出。饲喂缺钙或低钙饲料的牛群，产后投服或注射钙剂，还能降低胎衣不下的发病率。

第二章　雌性生殖机能疾病

卵巢机能减退、不全和性欲缺乏

卵巢机能减退，是指卵巢活动减弱，性周期无节律或不完全，产后长时期不发情。卵巢机能不全，是指有发情表现而不排卵或排卵延迟，或虽排卵而无发情表现。性欲缺乏，是指卵巢活动严重障碍，发情周期完全停止。

各种动物均可发生，但多见于牛、羊。

● 病因及发病机理

饲养管理不良，非全价饲料，长期舍饲，运动不足；过肥、衰竭性疾病，机体和生殖器官发育不良；衰老，内分泌机能紊乱，以及众多能引起新陈代谢障碍的外界和内在因素。母畜科疾病也可引起卵巢机能减退、不全和性欲缺乏。据文献资料，牛卵巢机能不全，冬春季不孕占比为 34.9%，夏季为 19.9%；亦有资料表明，不孕牛的该病占比为 40.8%。

绝大多数卵巢机能减退和性欲缺乏是由于性腺激素分泌减低，以致卵泡生长缓慢或停止生长，或卵泡闭锁，已形成的黄体发生变性和萎缩。

产后期，若卵巢机能正常化拖延，生理性卵巢机能减退就会转变为病理性卵巢机能减退。这大多起因于日粮中总能量或必需营养物质不足所致的子宫复旧延迟或不全。

● 症　状

性周期不规律或性周期不完全（无性欲性周期，无发情性周期，无排卵性周期）；母畜膘情良好，但无性欲，个别母畜虽出现发情和性欲，但不明显，多次输精而不孕。直肠检查，卵巢形状和质地并无明显变化，但摸不到卵泡或黄体，有时一侧卵巢上只有很小的黄体遗迹；卵巢萎缩时，则质地坚实，体积缩小，表面光滑。雌激素急剧而长期低下，以致子宫内膜逐渐萎缩，乳腺分泌不断减少，子宫收缩力量持续减弱。

组织学检查：卵巢初级卵泡中，卵泡细胞核溶解；卵泡区增厚；三期卵泡的卵泡膜，卵泡上皮脱落；以后卵丘萎缩，卵泡黄素化。皮质和髓质内有结缔组织增生，并有浆细胞。有时初级、次级和三期卵泡内发生小颗粒细胞变性，皮质内小血管堵塞。较大的血管透明，表明代谢过程和神经内分泌调节发生障碍。子宫黏膜上皮破坏，白细胞浸润，子宫腔内蓄积白细胞，子宫黏膜上皮核固缩。

● 预 后

取决于病因的性质和作用时间。机能性卵巢机能减退，预后良好。致病因子强或作用时间长，卵巢和子宫出现病理形态学变化的卵巢机能不全或性欲缺乏，则预后不良。

● 治 疗

首先消除病因。营养性的，要保证全价饲养，包括维生素和微量元素营养；管理性的，要改善卫生条件，畜舍要清洁、温暖、通风良好，坚持每日运动。通常可采用如下疗法。

（1）通过直肠按摩卵巢和子宫，以刺激性欲　每日按摩 1 次，每次 5～10 min，4～5 次为一疗程。也可用 52～53℃的 1‰ 氯化钠溶液做阴道灌注，每日 1 次，连续 3～5 次。机能不全的，可用 1‰碘酊涂布子宫颈口，每 2～3 d 1 次，2～3 次为一疗程。这 3 种疗法，有时可取得相当好的结果。

（2）人工授精前 10～15 min，用葡萄糖苏打液（葡萄糖

15 g，碳酸氢钠 5 g，45℃水加至 0.5L）500 mL 冲洗阴道和子宫颈，具有一定的刺激作用，可提高受精率。

（3）应用孕马血清促性腺激素（pregnant mare serum gonadotropin，PMSG）以激活卵泡生长，加速排卵过程　孕马血清含卵泡激素和黄体生成素，以（2～3）∶1 的 PMSG 为最佳，对生殖器官无明显形态学变化的病例，配合改善饲养管理条件，疗效颇好。注射后36～48 h，卵巢就发生反应，第7～8 天，50%～80%的牛出现发情和性欲。第 1 次发情时输精，受胎率虽不超过15%～20%，但至第 2 或第 3 次发情时，受胎率即明显增高。必须注意，PMSG 往往能刺激几个卵泡生长和成熟，排出两个或多个卵细胞，造成双胎妊娠。PMSG 制剂含黄体生成素较少或注射次数过多，往往会引起病理性卵巢肥大，形成多发性囊肿，或卵泡囊肿化等生殖系统的病理反应。对生殖器官有炎症、身体消瘦或患传染病的病例，禁止使用。

PMSG 的注射剂量为 1 500～2 500 IU，头胎牛 2 000 IU，犊牛 1 000～1 500 IU。剂量不宜过大，否则会引起性腺的病理变化。为防止发生过敏反应，应先注射 PMSG 1～2 mL，1～2 h 后再全量注完。发情周期停止的病畜，随时都可应用 PMSG。有发情的病畜则必须在上次发情后的第 16～18 天（且未受胎）方能注射。

（4）应用促性腺激素（gonadotropin，GTH），大家畜100～300 IU，小家畜 50～100 IU，肌内注射，每日或隔日 1 次，持续 2～3 次；卵泡刺激素（follicle stimulating hormone，FSH），牛 100～300 IU，羊 50～100 IU，一次肌内注射，连续 2～3 次。人绒毛膜促性腺激素（hCG），牛静脉注射 500～5 000 IU，肌内注射 1 000～2 000 IU；羊肌内注射 500～1 000 IU，可间隔1～2 d重复注射 1 次，少数病例出现过敏反应。

（5）应用类固醇激素　雌激素能增强子宫和输卵管收缩，抑制黄体分泌，促使卵巢活动正常化。常用的有苯甲酸雌二醇，肌内注射，牛 4～10mg，羊 2～8 mg；己烯雌酚，牛 20～25 mg，羊 2～10 mg。黄体酮对无排卵性周期及多次输精而未孕的病畜有效，在性欲初期或黄体形成期，隔日注射 2 次，可促使黄体生长素分泌，加速排卵和黄体形成。性欲缺乏的，可注射 3 次孕酮，每 2 d 注射 1 次，第 8 天再注射 PMSG，具有一定疗效。

屡配不孕综合征

母牛屡配不孕，是指繁殖适龄母牛发情周期及发情正常，生殖道外观亦无明显异常，但屡配（3 次以上）而不受孕。

屡配不孕不是独立的疾病，而是许多不同原因引起的一组繁殖障碍综合征。这一综合征长期以来一直是阻碍奶牛业生产发展的重大问题，发生率高达 10％～25％。奶牛业因繁殖障碍造成的经济损失，有 10％～15％应归咎于屡配不孕，值得重视。

屡配不孕的原因众多而复杂，可归因于两方面，即公畜和母畜；归因于两类，即受精失败和胚胎早期死亡。

一、受精失败

导致受精失败的因素无非来自卵子一方或精子一方，具体包括以下几种。

1. 卵子发育不全 卵子发育缺陷，必然导致受精失败。而卵子发育不全与遗传有关，目前所知甚少，诊断更难。

2. 卵子退化 排卵或配种延迟，卵子老化而发生一系列退行性变化。老化变性的卵子即使受精，形成的合子也难存活。

3. 排卵障碍 卵泡成熟而不排卵或排卵延迟，均可引起受精失败。牛排卵障碍与品种（遗传）有关，也受环境因素的影响。排卵延迟，主要与 LH 的分泌不足有关。

排卵障碍，可在发情最旺盛时的 24～36 h 内先后进行两次直肠检查来发现。卵巢上同一个成熟卵泡，两次直肠检查状态一

样，即可确诊。第 2 次直肠检查，原有卵泡消失或其中央部出现
火山口样柔软凹陷的，则为排卵正常。不能拖延到配种后 36～
72 h 才检查，此时排卵的破口已闭合，卵泡腔内充满血液和增
生的黄体组织，容易误诊。

4. 卵巢炎　卵巢炎多数不显症状。双侧卵巢炎常因卵子的
生成和排卵障碍而造成不孕。诊断要点是触诊时卵巢肿大、
敏感。

5. 输卵管疾病　输卵管对排出卵子的拾捡和输送起极为重
要的作用，还参与精子的获能和运送。输卵管积液、卵巢囊炎、
输卵管炎和输卵管机能异常，都会妨碍受精过程而屡配不孕。

输卵管积液，可通过直肠检查确诊。卵巢囊炎可造成输卵管
全程狭窄，阻碍卵子通过。在发生严重粘连时，可通过直检确
定。输卵管炎除非输卵管显著增大变粗，一般难以确认。

输卵管的任何机能障碍都会导致受精失败，而输卵管的分泌
和运动系由孕酮及雌激素所调控。雌激素降低，可使输卵管下行
性运动减慢，孕酮则使下行性运动加快。输卵管机能障碍在临床
上极难确定，只有通过血清有关性激素测定间接地加以推断。

6. 子宫疾病　正常的子宫环境是精子生存、着床及维持妊
娠所必需的，其结构或机能异常会导致受精失败或早期胚胎
死亡。

引起不孕的子宫疾病，最常见的有子宫炎、子宫内膜炎、子
宫腺体囊肿和子宫内分泌失调。

7. 环境因素　畜舍环境、畜群大小及季节对屡配不孕的发
生有一定的影响。屡配不孕在秋季及冬季最多，春夏季较少。牛
在秋冬两季，一次输精受孕的较少，空怀期较长，每次妊娠所需
的输精次数增多。大畜群屡配不孕的母牛要比小畜群多。

8. 技术管理水平　在技术管理力量薄弱的牛场（群），由于
经验不足或工作疏忽，不能及时检出发情母畜，造成漏配或迟配，
加上精液处理和人工授精技术上的错误，往往造成大批母牛不孕。

9. 精液品质 公牛精液品质不良，如无精子、精子死亡、精子畸形；精子活力不强，以及混有脓血或尿液，或者精子数量过少，可使大批母牛屡配不孕。

二、早期胚胎死亡

早期胚胎死亡，主要是指胚胎在附植前后发生的死亡，为屡配不孕的主要原因之一。牛早期胚胎死亡的发生率可达 38%，大多数是在配种后 8～19 d 死亡，占牛繁殖失败总数的 5%～10%。母牛在达到妊娠识别时间之前发生胚胎死亡，多数会在配种后 8～28 d 返情；如果其病因未能消除，继续配种，则往往屡配不孕。下列各种因素可引起胚胎早期死亡。

1. 营养 营养缺乏或不平衡可使生育力降低已是公认的事实。但是否直接造成胚胎死亡的因素，尚未定论。已知 β-胡萝卜素、硒、磷及铜缺乏可使胚胎死亡率明显升高。

2. 染色体畸变 主要是配子分裂过程异常而形成单倍体、三倍体或多倍体，也可能是染色体相互易位、着丝点融合等异常所致。已见报道的，引起牛屡配不孕的染色体畸变有：59，XO/60；XX 嵌合体；60，XX/60；XY 嵌合体；59，XO/60；XX/61；XXX 及 1/29 易位等（参考遗传性疾病文献）。

3. 分子信号及细胞信号 在发生胚胎死亡的关键时期，胚胎与母体之间有信号相互传递，如果这些双向信号产生的数量不足或时间不当，均可使早期胚胎死亡率升高。这些信号包括母体产生的激素及胚胎产生的一些活性物质。

4. 子宫内环境改变 胚胎的发育必须与子宫的妊娠变化同步才得以着床附植，附植前后子宫内蛋白质、能源物质及离子浓度发生异常，常会导致早期胚胎死亡。

5. 传染性因素 许多传染病，如弯曲菌病、胎毛滴虫病、牛传染性鼻气管炎、牛病毒性腹泻、钩端螺旋体病、昏睡嗜血杆菌病、弧菌病等，均可引起早期胚胎死亡。这些传染病，除屡配不孕外，还各具明显的临床表现和特殊病原，不难诊断和鉴别。

6. 免疫学因素　母牛受孕后，接触来自精子及胚胎的抗原，如果免疫抑制机能不全，则会产生抗体，并与抗原发生反应，引起胚胎死亡。

7. 激素水平异常　母畜体内激素水平异常是引起早期胚胎死亡的重要原因。雌激素－孕激素失衡，会使早期合子的运动速度与子宫内膜的发育不相适应，引起胚胎在附植前死亡。在囊胚期，黄体分泌孕酮不足，雌性生殖器官变化与胚胎发育不同步，胚胎即会死亡。

8. 泌乳　母畜泌乳期间，胚胎很难附着在子宫内膜上，往往死亡。

早期胚胎死亡属于隐性流产，因为发生在妊娠初期，尚未形成胎儿，死后孕体液化，被母体吸收，即使在母牛发情时排出，也难于发现，在临床上一般看不到母畜有什么外部表现，大都是根据配种后返情正常与否而估测的。

通常配种后 1～1.5 月不再发情，并通过直检确定妊娠，以后直检证实原有的妊娠现象消失，实质上是胚胎早期死亡，发生了隐性流产。此外，检测孕畜受精后不久血清中出现的早孕因子是否持续存在并测定血或乳的孕酮水平，亦可诊断早期胚胎死亡。

乏　情

乏情是指动物在应该发情的时间内不出现发情。它不是一种疾病，而是许多疾病所表现的一个综合征。乏情分为 3 类：初情期前乏情、产后乏情和配种后乏情。

病因

1. 初情期前乏情　牛达到 8～13 个月龄就进入初情期。此后仍不出现发情，即为初情期前乏情。主要原因和特点如下：

（1）生殖器官发育不全 生殖道一部分或全部细小，呈幼稚型，卵巢体积小，其上无卵泡发育；不发情。

（2）异性孪生不育 生殖器官发育不全，或者缺少某一部分；阴门狭小，位置较低，阴蒂较长，阴道腔长度不超过 12cm；不发情。

（3）两性畸形 生殖道的特点介于雌雄之间或与性腺的性别相反，不发情或发情不正常。

（4）卵巢肿瘤 少见，可引起乏情。

（5）染色体异常 如 XXX 三体综合征，临床上诊断困难，应做染色体分析。

（6）消耗性疾病 如消化不良等，影响增重，初情期延迟。

（7）近亲繁殖 所生后代发育不良，初情期延迟。

（8）营养 蛋白质、维生素和矿物质元素缺乏，增长缓慢，垂体促性腺激分泌不足，初情期延迟。

（9）季节 天气严寒时发情表现减弱或不显。寒冷季节进入初情期的青年母牛，发情往往延迟。

（10）传染性疾病 蓝舌病、牛病毒性腹泻等伴发急性卵巢炎，以致卵巢萎缩而不发情。

2. 产后乏情 母牛产后需待子宫复旧完全，发情周期才会恢复。奶牛产后正常乏情的时间大多为 20～70 d，哺乳牛为30～110 d。母牛产后乏情有下列病因：

（1）哺乳 母牛哺乳可引起产后乏情期延长。原因在于卵巢雌激素释放受到抑制，对丘脑下部-垂体的正反馈作用减弱，GnRH 分泌减少，阻止产后第一次排卵及正常发情周期的恢复。还在于哺乳可使血浆皮质激素浓度升高，抑制 LH 分泌，以及垂体对 GnRH 的敏感性。

（2）营养 妊娠后期胎儿生长发育对营养的需要激增，产后亦多处于能量负平衡状态，如果营养不良，则产奶量越高，乏情期越长。

（3）产科疾病　诸如胎水过多、难产、胎衣不下、子宫炎症等引起子宫复旧延迟的一些疾病，都可使产后乏情期延长。

（4）慢性消耗性疾病　如消化不良及顽固性腹泻等，均可引起产后乏情。原因可能在于长期慢性应激反应使食欲降低，影响能量摄入。

（5）持久黄体　产后营养不良或大量泌乳，子宫感染积脓或积液，复旧延迟，可使妊娠黄体或产后第一次形成的黄体长期不溶解退化，导致乏情。

（6）安静发情　奶牛产后常见发情表现不明显，原因尚不清楚。可能与产后卵泡分泌的雌二醇不足有关。

（7）季节及光照　牛分娩前后光照时间越短，产后乏情时间越长。

3. 配种后乏情　母牛配种而未受孕，一般会在 18～23 d 之内返情。如配种后 30～40 d 不见发情，又未妊娠，即为配种后乏情。可能起因于下列情况：

（1）胚胎死亡或延期流产　是较常见病因。配种后超过 12 d 胚胎死亡的，常不会按时返情。原因在于胎儿死亡而不及时排出体外，形成干尸或浸溶分解，会产生持久黄体。

（2）卵巢囊肿　尤其黄体囊肿或卵泡囊肿后期，往往处于乏情状态。

（3）子宫疾病　子宫积脓或肿瘤时，前次排卵后形成的黄体久不消退，造成乏情。

（4）营养缺乏和全身性疾病　如前所述。

● 诊　断

首先要查明母牛是真正乏情还是发情失察。为此，必须详细询问病史，查阅繁殖配种记录，根据收集的资料，初步估计分析乏情的性质和可能的原因，然后通过直肠及阴道检查生殖器官，尤其卵巢的机能状态，做出临床诊断。

如上所述，许多疾病和异常会导致乏情。但可根据卵巢的状态，大致分为两类：

一类是卵巢上有功能性黄体的乏情牛。

这类牛不发情的原因包括持久黄体、黄体囊肿、子宫积脓、胎儿干尸化及子宫肿瘤，必须注意排除妊娠，避免误诊。

另一类是卵巢上既无黄体，又无卵泡，表现光滑，停止活动，处于静止状态的乏情牛。

这类牛不发情多起因于营养缺乏、慢性传染病或消耗性全身疾病，以及某些先天性疾患（如生殖器官发育不全或畸形、异性孪生母犊、白犊病）等。

一般来说，先天性原因或某些特定疾病引起的乏情，比较容易诊断。但是这类病牛不多，通常仅占乏情病例总数的 10.5% 左右。

大多数乏情牛，卵巢上都有周期性变化的痕迹，或存在功能性黄体，或存在不同发育阶段的卵泡。其中有些是持久黄体及安静发情牛，有些则可能是未观察到发情表现的非乏情牛。

● 治 疗

目标在于使发情周期循环尽快恢复，显现发情表现，并配种受孕。可依据卵巢的机能状态，采用下列疗法。

1. 卵巢无功能活动，处于静止状态的乏情牛 起因于无根治办法的疾病，如异性孪生不育、白犊病、生殖器官发育不全或畸形等，一经确诊，应即淘汰。其营养不良性乏情母牛，只要卵巢尚未严重萎缩，通过改善饲养、改变日粮配方，适当添补必需的营养物质及矿物质，一般都能治愈，卵巢功能可望在数周内得到恢复，不需要药物治疗。对这样的病畜采用激素，不仅无效，而且有害。

初情期前乏情青年母牛，如果生殖器官正常，体重也合乎标准，可采用激素诱导发情，并可按照诱导母牛同期发情的方法，在耳部埋植孕酮制剂，并肌内注射孕酮及雌二醇。

2. 卵巢上有功能性黄体的乏情牛　应针对可能的病因，采用下列疗法。

（1）强化或诱导发情　用雌激素，具有兴奋中枢神经及生殖道功能，可使母畜表现明显的发情，但对卵巢无兴奋作用，不能促使卵泡生长。常用的雌激素制剂有：苯甲酸雌二醇、丙酸雌二醇、己烯雌酚。用 FSH 100～200 IU 肌内注射，可刺激卵泡生长。用 PMSG 600～1 000 IU 肌内注射，作用与 FSH 基本相同。hCG 2 500～5 000 IU 静脉注射或 10 000～20 000 IU 肌内注射，对卵巢机能减退的乏情牛有效。

（2）消除黄体　手术摘除黄体是治疗黄体久不消退而阻碍发情的传统有效方法。多在摘除黄体后 2～8 d 内出现发情。但如果操作不慎，可能损伤卵巢而导致出血和粘连。$PGF_{2\alpha}$ 及其合成的类似物，是疗效确实可靠的溶黄体剂，系治疗持久黄体、子宫积脓、胎儿干尸化的首选药物。绝大多数在注射后 3～5 d 内黄体消退，出现发情。常用的是 $PGF_{2\alpha}$ 或氯前列烯醇，肌内注射。

流产综合征

流产，广义是指妊娠任何阶段发生中断，狭义是指产出未成熟的死胎或未达生存年龄的活胎。可发生于各种动物，马、牛最为常见。牛流产可占妊娠牛的 5%，特殊病原引起的流产占牛流产的 30%～90%。妊娠 4 个月后的流产率很低，只占妊娠总数的 2%～12%。

● 分　类

按致病因子，分为非传染性（普通病）流产、传染性流产和寄生虫性流产三大类。每类流产又可分为自发性流产与症状性流产。自发性流产是胎儿及胎盘发生异常或直接受致病因子作用而发生的流产。症状性流产是妊娠母畜某些疾病的一个症状，亦可能因饲养管理不当造成，见表1-1。

按疾病经过，分为先兆性流产、难免流产或排出死胎、完全隐性流产、不完全隐性流产、稽留性流产5类，见表1-2。

表1-1　流产病因分类

非传染性（普通病）流产		传染性流产		寄生虫性流产	
自发性流产	症状性流产	自发性流产	症状性流产	自发性流产	症状性流产
胎膜及胎盘异常 胚胎发育停滞	母体普通病 生殖激素失调 饲养管理不当	布鲁氏菌病 沙门氏菌病 支原体病 衣原体病 病毒病 结核病	病毒性鼻肺炎 病毒性动肺炎 传染性贫血 钩端螺旋体病 李斯特菌病 乙型脑炎 O型口蹄疫 传染性鼻气管炎	毛滴虫病 弓形虫病	牛梨形虫病 环形泰勒虫病 无定形体病 血吸虫病

表1-2　流产病程分类

流产名称	诊断要点
先兆性流产	子宫颈口紧闭，子宫颈塞尚未流出，胎儿尚活着
难免流产	子宫颈略开张，子宫颈塞溶化，胎膜已破，流出水样液体，胎儿难以排出
完全隐性流产	配种36 d后返情，或胚胎随粪尿而排出
不完全隐性流产	正常分娩，产出一木乃伊胎儿，而其余胎儿仍正常发育
稽留性流产	胎儿死亡后，可能排出死胎；亦可能发生胎儿浸溶，排出腐败组织，骨骼留在子宫内，或胎儿腐败气肿，母畜出现败血症状

● 病　因

1. 非传染性流产　家畜非传染性流产的病因复杂，即使同

48

一病因，在不同种家畜或不同个体，表现也不一样。大致包括遗传、营养、中毒、热应激、内分泌失调、损伤或创伤等。

（1）遗传 遗传因素涉及染色体畸变和基因突变造成的胚胎或胎儿缺陷。牛胚胎损失有 $1/3$～$2/3$ 系遗传因素所致。牛妊娠 90 d 内流产的，多由染色体畸变所引起。除去明显缺陷的胎儿外，对胚胎的遗传性损失，兽医临床所知甚少。

（2）营养 营养与不育的关系紧密，同流产的关系稍逊。总营养不足，在妊娠前 $1/3$ 期，会使胎儿畸形，甚至死亡。在妊娠中期和后期，可影响某些器官的生长发育，产出死胎或不能生存的后代。干尸化胎儿，大多是胎儿因营养缺乏，生长不良，中途死亡所造成。

①维生素 A 不足：常引起妊娠后期流产，或发生死产或产出孱弱胎儿、瞎眼胎儿，以及其他畸形胎儿。组织学检查，这些胎儿的腮腺和唾液腺腺管上皮鳞状化，可据以确诊。

②维生素 E 和硒缺乏：也会引起流产，排出的胎儿，心肌和骨骼肌受损。产出死犊、弱犊，胎膜滞留的发病率颇高，应用维生素 E 和硒治疗有良效。

③碘不足：产出的犊牛可能全身无毛或孱弱。甲状腺肿大，往往很快死亡。甲状腺功能减退可使细胞氧化过程发生障碍，亦能影响胚胎发育，直至胚胎死亡。

④钙严重不足：常导致牛产出孱弱犊。

（3）中毒 某些毒物和有毒植物能引起流产，如亚硝酸盐、松针叶、辣豆、黄芪属植物和杀鼠药等。喂给霉变和腐败饲料，含亚硝酸盐、农药和有毒植物的饲料，大量棉籽饼渣，以及煮马铃薯的水等，均可使孕畜中毒流产。

A. 加拿大和美国有误食松针叶发生流产的报道，流产率有的可达 50%，以妊娠后期牛食后 48 h 流产的居多。最近研究证明，松针纤维的耐热毒素，可能是引起流产的重要原因。

B. 辣豆和雀斑黄芪引起的中毒，俗称"疯草病"，伴发流产或胎儿反常。绵羊试验发病研究表明，毒物可使卵巢黄体细胞液泡化，阻碍孕酮产生，造成妊娠中断。流产率通常可达50%。

C. 牛误食杀鼠药后也可引起流产，大多见于妊娠不到3个月的牛，机制尚待研究。

D. 动物吃霜冻草、露水草、冰冻饲料，饮冷水，尤其是出汗空腹及清晨饮冷水或吃雪，均可反射性地引起子宫收缩，排出胎儿。多发生于霜降、头九、立春等天气骤冷或乍暖时。

E. 霉烂草木樨中毒，往往引起胎儿死亡，主要是产生双香豆素类化合物所致。

（4）热应激　所致流产同高温有关。热应激对生殖系统的最大影响是受精力下降，初情期延迟，乏情，以及发情不明显。现已证实，外界温度突然升高就可能引起流产。

（5）内分泌失调　指的是雌激素、孕激素、糖皮质激素、催产素和前列腺素等生殖激素的不平衡。

A. 孕畜体内雌激素过多而孕激素不足时，会导致胚胎死亡及流产。应用大剂量雌激素可诱导牛和羊流产或分娩。孕酮不足可引起牛、马等动物的流产。

B. 妊娠后期应用麦角和大剂量拟副交感神经药乙酰胆碱亦可引起流产。

C. 动物妊娠期应用PGF_{2a}可引起流产。每12 h注射1次PGF_{2a}，每次注射2.5 mg，平均注射3.7次就可引起流产。

D. 牛胎盘炎时，由于缺氧应激，糖皮质激素增多，可引发胎儿排出。

（6）损伤或创伤　损伤或创伤能造成强烈的应激反应。长途运输、劳役过重过久、难度大而时间长的外科手术、精神兴奋、跳跃时的碰撞伤及牴伤等，均可引起流产。原因在于损伤应激，糖皮质激素产生增多。

2. 传染性流产　传染因子所引起的一类流产。当今能引起流产的传染因子日益增多，这在流产的胎儿身上已得到证实。

寄生虫性流产，具有流行性，故亦列为传染性流产类。其中有直接侵害生殖器官或胎儿而引起流产的，也有作为全身疾患招致胎儿死亡而最终流产的。

● 症 状

1. 隐性流产　妊娠中断而无任何临床症状。

完全隐性流产发生在妊娠早期，囊胚着床前后。胚胎死亡后液化，被母体吸收，子宫内不残留痕迹。牛妊娠4周、6周甚至8周龄的胚胎，死后只残留胎膜不被吸收，以致久不发情。有时死胎及其附属膜，随着母畜粪尿排出，常不易被发现。

不完全隐性流产，是指多胎动物（如猪）1个或2个胚胎死亡而其他胚胎仍能正常发育。

隐性流产常见于马、驴、牛、猪，发病率相当高，牛配种后10～17 d易发生早期胚胎死亡，可根据配种后36～42 d出现返情估测。

2. 产出不足月胎儿（早产）　流产预兆及过程与正常分娩相似，故称早产。早产胎儿具有或不具有生活力。早产牛排出胎儿前2～3 d，乳头可挤出清亮液体，阴唇略肿胀，阴门有清亮液体流出。

3. 排出未变化的死胎　绝大多数流产是死胎，通常又称小产。胎儿死后，可引起子宫收缩反应，而于数天内排出胎儿及其附属膜。

4. 稽留性流产（死胎停滞）　胎儿死后，由于阵缩微弱或子宫颈不开张或开张不全，而长期停留在子宫内，又称延期流产。胎儿死后发生如下 3 种变化。

（1）胎儿干尸化或木乃伊化　胎儿死后，在子宫腔内与外界隔绝，未发生腐败分解，胎儿组织水分和羊水逐渐被吸收，体积缩小、变干，呈棕黑色，头及四肢缩在一起成为干尸。

牛胎儿干尸化，在绒毛膜和子宫内膜间充满炎性块状物，溶解后黏稠呈巧克力色，似乎是胎盘出血所引起，特称为出血性胎儿干尸化。

胎儿干尸化多见于牛、猪。牛干尸化胎儿常在妊娠超期数周、数月乃至 1 年以上才被发现。个别干尸化胎儿可长久停留在子宫内，多见于更舍牛，原因不明。

牛发生胎儿干尸化，妊娠的外表变化即停止发展。直肠检查子宫像一圆球，其大小要比同月份胎儿体积小得多，触之很硬的部分是胎儿体躯，较软的部分是胎儿身体各部分之间的空隙，子宫紧包着胎儿，触摸不到胎动、羊水及子叶。有时子宫与周围组织发生粘连，卵巢上有一功能性黄体，无妊娠脉搏。

（2）胎儿浸溶　妊娠中断，胎儿死亡后，子宫内液体很快被吸收，在无感染情况下，胎儿软组织纯粹经受酶作用，发酵分解，软组织液化并大部分排出，少部分吸收，骨骼则残留在子宫内，难以排出，特称为胎儿浸溶。

（3）胎儿腐败（或气肿）　胎儿在子宫内死亡，未排出体外，子宫颈开张，侵入腐败细菌，使胎儿软组织分解，产生气体，窜入其皮下组织、腹腔及阴囊内。

胎儿浸溶与胎儿腐败、气肿的区别，在于前者为无菌性腐败，后者为有菌性腐败。两者的共同结果是骨骼残留在子宫内。

死胎停滞的病理基础是功能性黄体不退化，死胎不能及时排出体外。

其子宫颈管不开张，又无血行感染的，发生胎儿浸溶；其子宫颈开张，侵入腐败菌或通过血行感染的，则发生腐败气肿，并继发细菌性子宫炎、败血症或腹膜炎。母畜精神委顿，体温升高，瘤胃蠕动减弱，发生腹泻，进行性消瘦，经常努责，由阴道排出红褐色或棕褐色有异味的黏稠液体，有时混有小的骨片。后期仅排出脓液，黏附于尾或后腿上，干后形成黑痂。

阴道检查，子宫颈开张，阴道和子宫颈黏膜发炎，有时可触到胎儿残骨。

直肠检查，可触摸到子宫内有残留的胎儿骨片。如果软组织尚未完全溶解，则只能感触到胎儿躯体软硬不均。

胎儿干尸化、胎儿浸溶和胎儿气肿，可依据病史，直肠检查、阴道检查和全身症状区别诊断。

5. 牛钩端螺旋体流产 体温升高到 40℃，全身症状重剧，有的出现血红蛋白尿和黄疸，产乳量急剧下降，乳房十分松软，乳汁浑浊或呈血样。

● 治 疗

流产胎儿排出受阻时，按难产进行救助，并注意产后治疗，预防不孕症。

1. 对应激显现流产先兆的病畜 如果子宫颈口尚未开张，胎儿依然活着，可每隔 5 d 注射 1 次孕酮（牛 100～200 mg，羊 10～30 mg），同时应用 16-次甲基甲地孕酮（MGA），按每千克体重 200 mg 剂量内服，每日 1 次。

2. 对传染性流产 要特别注意隔离和消毒，针对不同病原实施治疗，如布鲁氏菌病用头孢类，弯曲菌病用链霉素，滴虫病用吖啶黄或二硝基咪唑。

3. 对延期流产 应设法排出胎儿。如通过直肠挤压卵巢上的功能性黄体；肌内注射苯甲酸雌二醇（20 mg），或苯甲酸（60～100 mg）；肌内注射 $PGF_{2\alpha}$ 25 mg、15-甲基 $PGF_{2\alpha}$ 4～6 mg 或类似物（如氯前列烯醇 0.1～1.0 mg）。

这类激素对死胎引产效果颇好，通常在注射后 60～70 h 排出胎儿。

不论用药与否,要点都在于首先扩张子宫颈,使胎儿能进入阴道。为滑润和膨胀生殖道,增强子宫收缩力,要进行子宫灌注。最后手术助产,取出胎儿。

上述方法无效时,可进行腹壁切开术,切开子宫取出胎儿或内容物,并投放抗菌、杀菌药。

4. 对胎儿浸溶和中毒性流产 必须应用抗生素等全身疗法。

孕 畜 浮 肿

孕畜浮肿是指妊娠末期孕畜腹下及后肢发生的水肿。妊娠末期轻度浮肿,是生理现象,如果发展为大面积的严重水肿,则为病理状态。

本病多见于马,有时也发生于奶牛。浮肿一般在产前 1 个月开始出现,产前 10 d 左右特别显著,分娩后 2 周左右多能自行消失。

● 病 因

母畜妊娠期血液总量增加,使血浆蛋白浓度降低,出现生理性低渗压现象。如果日粮蛋白不足,则血浆蛋白更为减少,造成血液的渗透压降低,使水分积留于组织中。

妊娠末期,子宫容积增大,腹内压增高,乳房也增大,加上孕畜运动减少,使腹下及后躯的静脉血液回流缓慢,引起淤血及毛细管壁的渗透性增高,血液中水分渗出,引起水肿。

妊娠期间水肿的发生可能还与钠离子的排出障碍有关。

妊娠母畜体内加压抗利尿素、肾上腺皮质醛固酮和雌激素水平升高,使肾小管远端对钠的回吸收作用增强,水和钠潴留于组织中。如果机体衰弱,运动不足,心、肾机能不正常,则更容易发生水肿。

●症　状

浮肿常从腹下及乳房开始出现，逐步向前胸及阴门部蔓延，有时后肢的关节也出现浮肿。浮肿一般呈扁平状，左右对称。触诊如面团状，有指压痕，皮温稍低，被毛稀疏或无毛部位的皮肤紧张而有光泽。一般无全身症状，但严重的浮肿，可出现食欲减退、步态强拘等现象。

●防　治

妊娠期母畜要适当运动，并注意饲养。妊娠后半期要进行牵遛运动，不要饲喂含食盐过多的饲料及泔水。

严重的病例，除采用上述措施外，可应用强心利尿剂，如内服安钠咖 5～10 g 或皮下注射 20% 安钠咖 20 mL，连用 3～4 d。

分娩后水肿仍很严重的，在严密消毒后进行"乱刺"，有助于恢复。

羊　水　过　多

羊水过多是指妊娠期胎囊内的尿水或羊水积聚过多。多发生于妊娠 5 个月以后的牛。正常牛的羊水为 1.1～5.0 L，尿水为 3.5～15 L，胎水过多时，羊水总量可达 100～200 L。

●病　因

羊水过多的原因还不清楚，一般认为与遗传有关。我国西部地区的牦牛，怀孕时几乎不发生胎水过多，但与其他品种牛杂交时，则发生较多。妊娠期饲养不良、蛋白质缺乏可能是发病的诱因。怀双胎时容易发生。母体的心脏和肾脏疾病、贫血等，导致循环和代谢障碍，可引起胎水过多。

羊水过多还可能和羊膜上皮的异常或胎儿发育异常有关。

症状及诊断

临床症状随病程而异。病初仅见腹围较正常妊娠时大，且发展迅速。严重时腹下方扩张，肷窝充满，腹壁紧张，背部向下凹陷。病畜呼吸困难，脉搏快而弱。体温正常。黏膜，特别是阴道黏膜被动充血乃至出血。病畜长期站立，不愿躺卧。站立时四肢外展。随着病程的发展，全身状态逐渐恶化，精神萎靡，食欲减退、消瘦、被毛蓬乱。

腹部触诊可感到液体波动，连续推动腹壁常不能感到胎儿的撞击。叩诊腹部呈实音。

直肠检查时，感到腹内压很高，手臂伸入困难，子宫内液体波动明显。常不易摸到子叶及胎儿。

病程及预后

病程较长。轻症时可继续妊娠，但胎儿发育不全，个体很小，出生后往往很快死亡；分娩或早产时，子宫颈口常开张不全，阵缩及努责无力，产出困难。胎儿排出后常发生胎衣不下，但以后仍可再妊娠。重症常继发子宫破裂或腹肌破裂。

羊水极多时，影响心肺功能，甚而致死。

治疗

轻症病例可给予营养丰富的饲料，限制饮水，增加运动，并给以强心利尿剂。分娩时进行人工助产。重症病例宜进行剖宫产或人工引产。

施行剖宫产术时，应于手术的当日或前 1 d 在腹下进行尿囊穿刺，慢慢放出胎水。同时大量补液，注射强心剂和抗生素。

　　人工引产时，可皮下注射雌二醇 30～50 mg，6～8 h 后肌内注射 PGF$_{2\alpha}$ 25～30 mg 或 15-甲基 PGF$_{2\alpha}$ 4～6 mg，通常于 96 h 左右分娩或流产。

第三章　难　产

难产的诊断

难产救治的效果，取决于诊断是否正确。查明母畜及胎儿的反常情况，才能选择采用相应的助产方法。

一、询问病史

主要包括以下几个方面。

1. 产期　产期未到的，可能是早产或流产。胎儿较小，一般容易拉出；产期超过的，胎儿可能较大；在牛、羊还可能碰到胎儿干尸化，矫正拉出均较为困难。

2. 年龄及胎次　母畜年龄幼小，常因骨盆发育不全，胎儿不易排出；初产母畜，分娩过程常较缓慢。

3. 分娩过程如何　包括不安和努责已多长时间，努责的频率及强度如何，羊水是否已经排出，胎膜及胎儿是否露出，露出部分的情况怎样等。

通过对上述有关分娩情况的综合分析，即可判断是否发生了难产。

产出期时间如未超过正常时限，努责不强，羊水尚未排出的，可能并未发生异常，只是努责无力，子宫颈扩张不够，胎儿通过产道较缓慢；阵缩及努责微弱，在缺乏运动的乳牛是较常见的。产出期如超过正常时限，努责强烈，已见胎膜及羊水，而胎儿久不排出的，则可能已发生难产。

4. 过去有何特殊病史　有阴道脓肿、阴唇裂伤等病史的，胎儿排出会发生障碍。有盆骨损伤病史的，常因骨盆狭窄而影响胎儿通过。

5. 母畜是否经过处理 如果事前进行过助产，必须问明助产前胎儿的异常是怎样的，已死还是活着；助产方法如何，如使用什么器械，用于胎儿的哪一部分，如何牵拉胎儿及用力多大；助产结果如何，对母体有无损伤，消毒是否严格等。

助产方法不当，可能造成胎儿死亡，或加重其异常程度，使产道水肿，手术助产更加困难。不注意消毒，可使子宫及产道受到感染；操作粗暴，可使子宫及产道损伤或破裂。这些情况有助于对手术助产效果做出正确的预后判断。

二、临床检查

难产的临床检查，包括以下 3 个方面。

1. 全身检查 母畜全身状况，主要包括体温、呼吸、脉搏、精神及能否站立等。确定母畜能否经受助产手术，还要检查阴门及尾根两旁的荐坐韧带后缘是否松软，以便确定骨盆腔及阴门能否充分扩张；检查乳房是否胀满、乳头能否挤出初乳，从而确定妊娠是否已经足月。

2. 产道检查 应注意阴道的松软及润滑程度，子宫颈的松软及扩张程度，骨盆腔的大小，以及软产道有无损伤和异常等。骨盆腔变形、骨瘤及软产道畸形等，均会使产道狭窄，阻碍胎儿通过。难产为时已久的，母畜努责及长久卧地，软产道黏膜往往发生水肿，致使产道狭窄妨碍助产。难产时间不长，产道黏膜即已水肿，且表面干燥，特别是有损伤或出血的，常提示已进行过助产。损伤有时可以摸到，流出的血液要比胎膜血管中的血液颜色红。产道内液体的颜色、气味也可帮助确定难产的时间和胎儿有无腐败。

3. 胎儿检查 要查明胎儿的姿势、方向和位置有无反常，是否活着，体格大小和进入产道的深浅，在羊，只要产道不是过小，术者手臂不太粗大，都可进行检查。

胎儿的死活，对手术方法的选择起着决定性的作用。如果胎儿已经死亡，应保全母畜并保护产道不受损伤。如果胎儿还活着，则应考虑母仔兼顾，尽量避免用锐利器械。鉴定胎儿生死的方法：正生头部前置时，可将手指塞入胎儿口内，注意有无吸吮动作；牵拉舌头，注意有无活动。也可用手压迫眼球，注意头部有无反应，或者牵拉前肢感觉有无回缩反应。如果头部姿势异常，无法摸到，可以触诊胸部或颈动脉，感觉有无搏动。倒生骨盆前置时，可将手指伸入肛门，感觉是否收缩。亦可触诊脐动脉有无搏动。肛门外有胎粪的，则表明胎儿活力不强或已死亡。

牵 引 术

牵引术除用于过大胎儿的拉出外，还用于在母畜阵缩和努责微弱、产道轻度狭窄，以及胎儿位置和姿势轻度异常时。

1. 正生时 在两前腿关节球之上拴绳，由助手拉腿。术者拇指伸入口腔，握住下颌；在羊，可将中、食二指弯起来夹在下颌骨体后，用力拉头。

拉的路线必须与骨盆轴符合。胎儿的前置部分越过耻骨前缘时，向上向后拉。如前腿尚未完全进入骨盆腔，蹄尖常抵于阴门的上壁，头部亦有类似情况，其唇部顶于阴门上壁。这时需把它们向下压，以免损伤母体。胎儿通过盆腔时，水平向后拉。

胎头通过骨盆出口时，在羊要继续水平向后拉，在牛则向上向后拉。拉腿的方法是先拉一条腿，再拉另一条腿，交替进行；或将两腿拉成斜位之后，再同时拉，以缩小胎儿肩宽，使其容易通过盆腔。胎头通过阴门时，可由一人用双手保护好母畜阴唇，以免抻裂。术者用手将阴唇从胎头前面向后推，以帮助通过。为了帮助拉头，在活胎儿可用推拉梃或小家畜产科套将绳子套在耳后拉头。使用推拉梃时，梃叉必须放在下颌之下，使绳套由上向下向前成为斜的，避免绳套紧压胎儿的脊髓和血管而引起死亡。亦可先将产科绳套住胎头，然后把绳移至口中，这样牵引胎头不会滑脱。

2. 死胎儿 除用上述方法拉头外，还可采用其他器械。通常是用产科钩，可以选用的下钩部位很多，如下颌骨体、眼眶或将钩子伸入胎儿口内，将钩尖向上转，钩住后鼻孔或硬腭。胎儿胸部露出阴门之后，拉的方向要使胎儿躯干纵轴成为向下弯的弧形；必要时还可向下向一侧弯，或者扭转已经露出的躯体，使其臀部成为轻度侧位。

在母畜站立的情况下，还可以向下并先向一侧，再向另一侧轮流拉抻。

在青年母牛，有时胎儿臀部不易通过母体骨盆入口，借上述拉法，加以克服。待臀部露出后，马上停住，让后腿自然滑出，以免猛烈向外拉而造成子宫脱出。

3. 倒生时 可在两后肢球节之上套绳，轮流先拉一条腿，再拉另一条腿，以使两髋结节稍斜地通过骨盆。如果胎儿臀部通过母体骨盆入口受到侧壁的阻碍，可扭转胎儿的后腿，使其臀部成为侧位，便于通过。

实施牵引术的注意事项：

（1）牵拉前，要尽量矫正胎儿的方向、位置及姿势。拉出时，用力不可太快、太猛，防止拉伤胎儿，或损伤母体的产道。

（2）产道内必须灌入大量润滑剂。

（3）拉出时应与母畜努责相配合。

（4）要沿着骨盆轴的方向外拉。

矫 正 术

胎儿由于姿势、位置及方向异常而无法排出，必须先加以矫正。

一、矫正姿势

目的在于将头、颈、四肢异常的屈曲姿势恢复为正常的直伸姿势。方法是采用推和拉两个方向相反的动作，或者同时推拉，或者先推后拉。

推，就是向前推动胎儿或其某一部分。矫正术必须在子宫内进行。将胎儿向子宫内推动一段距离，使骨盆入口前腾出一定空间，为矫正创造条件。姿势异常不太严重的，在用手推的过程中即可得到矫正。严重异常时，则要用产科梃及推拉梃加以帮助。

拉，主要是把姿势异常的头和四肢拉成正常状态。除用手拉以外，还常用产科绳、产科钩，有时还可用推拉梃。为了同时进行推拉，可在用手向前推的同时，由助手向外牵拉产科绳或钩，异常部分就会得到矫正。

二、矫正位置

牛、羊胎儿的正常位置是上位，伏卧在子宫内，头、胸及臀部横切面的形状符合骨盆腔横切面的形状，能顺利通过。

胎位反常包括侧位及下位。侧位是胎儿侧卧在子宫内，头及胸部的高度比母畜盆腔的横径大，不易通过。下位是胎儿背部向下，仰卧在子宫内，以致两横切面的形状正好相反，更不易通过。

矫正方法：将侧位或下位的胎儿向上翻转或扭转，使其成为上位。为了能够顺利翻转，必须尽可能在羊水尚未流失、子宫没有紧裹住胎儿以前进行。矫正时应当使母畜站立，前低后高，胎儿能向前移，不致挤在骨盆入口处，应留有足够的空间进行翻转。也可采用翻转母畜的方法使胎儿变为上位。

三、矫正方向

各种家畜胎儿的正常方向都是纵向。方向异常有两种：横向，即胎儿横卧在子宫内；竖向，即胎儿纵轴向上而与母体的纵轴大体垂直。

横向，一般都是胎儿的一端距骨盆入口近些，另一端距入口远些。矫正时向前推远端，向后（入口）拉近端，即将胎儿绕其身体横轴旋转约90°。但如胎体的两端与骨盆入口的距离大致相等，则应尽量向前推前躯，向入口拉后躯，使矫正和拉出比较容易。

竖向，包括头、前腿及后腿朝前的腹部前置竖向和臀部靠近骨盆入口的背部前置竖向。前者，矫正时应尽可能把后蹄推进子宫（必要时可将母畜半仰卧保定，后躯垫高）或者在胎儿不过大时把后腿拉直，使伸于自身腹下，以消除后腿折叠造成的骨盆入口处阻塞，便于拉出。后者，则应围绕胎体做横轴转动，将其臀部拉向骨盆入口，变为坐生姿势，然后再矫正后腿而拉出。

施行矫正术应注意的事项：

（1）必须在子宫内进行，最好在子宫松弛时操作。为抑制母畜努责，并使子宫肌松弛，以免紧裹胎儿而妨碍操作，可行硬膜外麻醉，或肌内注射二甲苯胺噻唑。

（2）使胎儿体表润滑，以利推、拉及转动，并减少对软产道的刺激。为此，子宫内可灌入大量石蜡油、植物油或软肥皂水等润滑剂。

（3）难产时间很久的病例，矫正及推拉操作尤其须多加小心。

截 胎 术

死亡胎儿如无法矫正拉出，又不能或不宜施行剖宫产手术时，可将其某些部分截断而分别取出，或者把胎儿的体积缩小后拉出。主要用于牛，有时也用于羊。

截胎术分为皮下法及开放法两种。

1. 皮下法　也叫覆盖法，在截除某一部分以前，先把皮肤剥开，截除后皮肤留在躯体上，盖住断端，避免损伤母体，便于拉出胎儿。

2. 开放法　即直接把某一部分截掉，不留下皮肤。

备有绞断器、线锯等截胎器械时，以行开放法为宜。

一、头颈部手术

1. 头部缩小术　头部前置时，缩小术的适应证是脑腔积水、头部过大、双头及双面畸形，以及头部侧位，不能通过骨盆入口，而且无法矫正。缩小头部的方法有下列 3 种：

（1）破坏头盖骨　胎儿脑腔积水时，颅部增大，不能通过盆腔。可用刀在头顶中线上做一纵切口，排出积水，使头盖塌陷。必要时也可通过这一切口，剥开皮肤，然后用产科凿破坏头盖骨基部，使之塌陷。这时因有皮肤保护骨质断端不致损伤母体。如果线锯条能套住头顶突出部分的基部，也可将其锯掉取出，然后用大块纱布保护好断面上的骨质，把胎儿拉出。

（2）头骨截除术　用于胎头过大且唇部伸入盆腔时。首先尽可能在耳后皮肤上做一横而长的切口，深达骨质部分，把线锯条套在切口内，然后将锯管前端伸入胎儿口中，将胎头锯为上下两半。先将头骨取出，再保护好断面把胎儿拉出。

（3）下颌骨截断术　多用于牛的正生侧位，或者在矫正了侧弯的头颈后，头部仍呈侧位，又无法将头扭正时，旨在破坏下颌骨，使头部变细。

方法是先用钩子将下颌骨体拧紧固定住；然后把产科凿深入一侧上下臼齿之间，敲击凿柄，把下锁骨支的垂直部凿断；同法处理另侧后，再将凿放在两中央门齿之间，把下颌骨体凿断。最后沿一侧上臼齿咀嚼面将皮肤、嚼肌及颊肌由后向前切断；同样处理另侧后，从两侧压迫下颌骨支，使之叠在一起而头部变细。

2. 头部截除术　适用于两种情况：肩部前置（前腿向后伸

于自身之旁之下），胎头已伸至阴门之外，头部阻碍向前推动胎儿，而妨碍矫正前腿。可采用开放法予以截除，即直接在下颌骨支之后，经枕寰关节把头切掉。推回矫正后，用复钩或锐钩钩住颈部断端，拉出胎儿。或用皮下法，即从项脊开始，经过每一侧耳前、眼下至颏部，围绕头做1周皮肤切口。由此切口向后剥离皮肤至下颌骨支及枕寰关节之后，然后将头切掉。颈部断端上的皮肤，应拴上绳子，待矫正前腿后，用以拉出胎儿。

胎头呈枕部前置（头部折于颈部之下），并已伸至阴门口时，可先切开枕寰关节上的软组织，然后一面切一面用钩子拉头，将头截除。

3. 颈部截断术 常用于头部姿势异常（头颈侧弯）或头向下弯时。

头颈侧弯及头向下弯时，采用绕上法，把钢绞绳或线锯条套住颈部，管的前端抵在颈的基部，将颈部绞断或锯断。然后前推胎头，拉出胎体，最后再把头拉出来；偶尔也可用钩子钩住颈部断端，先拉出头颈，再拉出胎体。

头部正常前置时，可采用线锯套上法，先把锯条和钢绞绳在管内穿好，然后将锯条或钢绞绳从唇部向后套到颈部。管前端放到颈基旁边的空隙内。开锯过程中要把头拧紧，使颈部紧张。

二、前腿手术

适用于头颈姿势不正、前腿姿势不正及胎儿过大等情况，包括下列手术：

1. 截除肩部前置的前腿 在无法向前推动胎儿并拉直前腿时，可先将正常前置的头颈部截掉，使产道腾出空间，然后截除肩部前置的前腿。

（1）开放法 即沿肩胛骨的背缘做一深而长的切口，切透皮肤、肌肉及软骨；用绳导把锯条绕过前腿和躯干之间，装好线锯，将锯条放在切口内；锯管前端抵在肩关节和躯干之间，将肩部从躯干上锯下来；然后先拉出躯干，再拉出前腿。亦可将钢绞绳绕过前腿和躯干之间，使锯管前端抵在肩关节和躯干间，直接绞断。

（2）皮下法　即沿肩胛骨前缘及肱骨上部做一长的皮肤切口；用剥皮铲剥离整个肩胛及上膊部皮肤，尽可能破坏肩胛前缘和躯干之间的肌肉联系，并伸至肩胛骨和肋间之间，破坏血管、神经和下锯肌；用指刀和手指断离肩胛骨与躯干间的肌肉联系；用手指在肩胛骨颈前后各穿一洞，将产科绳套绕过其中，并将绳的末端穿过此套，拴住肩胛骨；然后使产科桄顶在胎儿胸前，用力拉绳，将前腿从剥离的皮肤内拉出；最后在球节处切掉前腿，剥离的皮肤留作拉胎儿用。

2. 截除正常前置的前腿　适用于头颈侧弯等异常情况，旨在为随后的操作腾出空间。通常采用两种方法：

（1）开放法　即沿肩胛骨的背缘做一深而长的切口，切透皮肤和肌肉或软骨；将锯条套及锯管前端（锯管位于前腿内侧）从蹄子套到前腿基部；将锯条套放入切口中开锯。也可用钢绞绳按同一方法进行绞断。

（2）皮下法　即先用绳子拴住系部向外拉，使掌部尽可能露在阴门外面；皮下打气，以便剥离皮肤；然后沿掌部内外侧各做一纵长皮肤切口直达球节，剥离掌部及球部的皮肤；将剥皮铲伸至切口上端皮下，并围绕前腿把皮下组织完全分离至腋窝及肩胛部的整个外侧，剥至腋窝时，顺便破坏前腿内侧与胸廓之间的胸肌、血管、神经及胸下锯肌；然后从肩胛上端开始，用指刀或产科刀沿前腿做一纵长皮肤切口，直达掌部外侧的切口；将手伸至皮下，用手指扯断尚未剥离的皮下组织，特别是肘头及腕部难剥离的皮肤；必要时可使用指刀，横断球节，但不切断皮肤，使球节以下部分连在皮上，作为拉胎儿之用；用绳子拉紧掌部下端，用指刀尽可能地切断肩胛周围的肌肉，至腕部露出阴门之外时，可将绳子拴在腕部之上拉紧，并把腕部弯成直角，扭转前腿，使肩胛周围的肌肉拉紧，便于切断；最后用产科桄顶住胎儿，拉出前腿。

3. 腕关节截断术　用于腕部前置，偶尔也用于直伸的前腿，以便腾出空间，进行其他手术。腕部前置时，用绳导将锯条绕过腕关节，使锯管前端抵在腕部之前，在前腿伸直时将线锯装好后从蹄尖套到腕部，锯管前端放在其屈面。上述两种方法均需尽可能使锯条从桡腕关节或上下列腕关节锯断。从桡骨下端锯断时，断端拴绳容易滑脱。

三、后腿手术

倒生时，可依据后腿异常情况施行以下手术：

1. 截除坐骨前置的后腿　先用绳导使钢绞绳或锯条绕过后腿与躯干之间，并使锯管前端抵于尾根和对侧坐骨结节之间，上部钢绞绳或锯条也必须绕在尾根对侧；然后用产科钩分别将胎儿本身和截下的后腿拉出来。

2. 截除正常前置的后腿　主要用于骨盆围过大，为骨盆以前的手术创造条件。先在髋关节前做一深而长的皮肤及肌肉切口，然后将装好的线锯套连同锯管前端（锯管放在后腿内侧）从蹄尖套至后腿根部；将锯条置入切口中开锯。使用绞断器时，则不做皮肤切口，直接套上钢绞绳绞断。

3. 跗关节截断术　主要用于跗部前置，以便随后将后腿拉直。有时也用于伸直的后腿，以便将跗部以下截除，腾出空间，进行以后的手术。跗部前置时，手术方法与腕部前置一样。后腿呈伸直姿势时，先将线锯或绞断器装好，从蹄尖套到跗部，管的前端也放到跗部下面。截断的部位应在上列跗骨之下，以便将绳子缚在胫骨下端，保证拉胎儿时不致滑脱。

四、胸腰部手术

1. 胸部缩小术　主要用于正生的胎儿过大、全身性水肿、气肿或产道狭窄等。方法是在肩胛下的胸壁上做一皮肤切口，将剥皮铲伸于皮下，并从切口到肋骨弓上端之后在皮下剥出一条管道，把钩刀通过管道伸到最后一个肋骨后方为止；或者直接将钩刀伸入切口，通过皮下捅到最后一个肋骨后方；然后把钩尖转向胎儿体内，钩住最后一条肋骨，用产科梃牢牢顶住胎儿，用力猛拉钩刀，逐条将肋骨拉断，胸壁即缩小。

如果术后产道内的空间仍不够大，可改用第二种方法，即在母体阴门外约一掌处，于胎儿肩前做一与阴门平行的长切口，用产科刀破坏肩胛骨、臂骨同周围的联系，去掉前腿；剥离皮肤至阴门处，由助手翻起拉紧；用剥皮铲将肋骨弓前胸壁上的皮肤完全剥离，用钩刀将肋骨下端也全部拉断，并拉出截下的胸壁；然后将手伸入胸腔，摘除心、肺、肝以至胃及肠，使胎儿的胸腹部大为缩小。

2. 前躯截除术　自腰部将前躯完全截掉。适用于胎儿发生的腹部前置的竖向，即头、颈、前腿已露出阴门外，而后腿呈屈曲状态，跗部挡在耻骨前缘上，胎儿不能排出时。截除的方法是先将钢绞绳或线锯在管内装好，从两个前蹄和唇部向后套在胎儿身上，并沿脊柱旁边将管子向前推进，同时手也伸入产道，向前移动绞绳套或锯条套，达到腰区；然后将腰锯断，拉出前躯，再将后躯推回子宫，变成倒生下位拉出。

如因产道空间狭小，绞绳或线锯不易向前推进，可先行胸部缩小术。

3. 截半术　适用于胎儿呈背部前置的横向或竖向。截半术的术式和前躯截除术完全相同，钢绞绳或锯条也要套在肋骨弓之后，这在胎儿后躯距骨盆入口近时，是容易办到的；如果后躯距入口远，必须用钩子把它拉近。胎儿腹部大，套绞绳或锯条困难时，可先将腹壁切破，取出内脏，使腹部缩小。

截胎术是重要的助产方法，胎儿常见的反常都可用截胎术顺利解决。施术中应注意以下事项：

（1）截胎术应尽可能在母畜站立情况下进行。如不能站立，也应使其后躯卧在高处，以便于操作。

（2）操作中要避免造成子宫和软产道的损伤，并注意消毒，手臂上涂擦润滑剂。

（3）截胎时，胎体上的骨折断端应尽可能留短一些，拉出胎儿时，骨折断端须用皮肤、大块纱布或手护住。

剖 宫 产 术

剖宫产术，指切开腹壁及子宫壁，取出胎儿。其适应证包括：骨盆发育不全（交配过早）或骨盆变形（骨软症、骨折）而盆腔过小；猪、羊、犬、猫体格过小，手不能伸入产道；阴道极度肿胀狭窄，手不易伸入；子宫颈狭窄或畸形，且胎囊已经破裂，子宫颈不能继续扩张，或者发生闭锁；子宫捻转，矫正无效；胎儿过大或水肿；胎儿的方向、位置、姿势有严重异常，无法矫正，或胎儿畸形，截胎有困难者；子宫破裂；阵缩微弱（猪），催产无效；干尸化胎儿（牛、羊）很大，药物不能使其排出；妊娠期满的母畜；在患其他疾病而生命垂危，须剖腹抢救仔畜者。

牛的剖宫产术

1. 腹下切开法　可供选择的切口部位有 5 处，即乳房前中线、中线与右乳静脉之间、乳房与右乳静脉的右侧 5～8 cm、中线与左乳静脉之间，以及乳房和左乳静脉的左侧 5～8 cm 处。一般选择切口的原则是，胎儿在哪里摸得最清楚，就靠近哪里做切口。如两侧触诊的情况相近，可在中线或其左侧施术。

保定：左或右侧卧，将前后腿分别绑缚，并将头压住。

术部准备及消毒：见外科手术。母畜的尾根、外阴部、会阴，以及从产道露出的胎肢，必须先用温肥皂水清洗，然后用消毒液洗涤，并将尾根系于身体一侧。切口周围铺上消毒巾，腹下地面上铺以消毒过的塑料布。

麻醉：除切口局部浸润麻醉外，可行硬膜外麻醉或肌内注射盐酸二甲苯胺噻唑，剂量为每千克体重 0.25～1 mg。也可采用电针麻醉。

步骤（以在中线和右乳静脉之间做切口为例）：

（1）切开腹腔　在中线和右乳静脉之间，从乳房基部前缘起，向前做一纵行切口，长 25～30 cm，切透皮肤和各肌层；用镊子把腹横肌腱膜和腹膜同时提起，切一小口，然后在食、中指引导下将切口扩大。这时助手必须注意用大块纱布防止肠道及大网膜因腹压而脱出。如果乳房太大，为避免切口过于靠前而不利于暴露子宫，待切开腹膜后再根据情况向前或向后延长。如需要向后延长，可将乳房稍向后拉。如切口已够大，即可将手术切口的边缘用连续缝合法缝在切口两边的皮下组织上。

（2）托出子宫　切开腹膜后，常见子宫上盖着小肠及大网膜。这时可将双手伸入切口，紧贴下腹壁向下滑，绕过它们，达到子宫。隔着子宫壁握住胎儿的某些部分，把子宫角大弯的一部分托出于切口之外。再在子宫和切口之间塞上大块纱布，以免肠道脱出及切开子宫后液体流入腹腔。如果是子宫捻转，应先把子宫矫正；如果胎儿为下位，应尽可能先把胎儿转为上位。

（3）切开子宫　沿子宫角大弯，避开子叶，做一与腹壁切口等长的切口。切口不可过小，以免拉出胎儿时被押破而不易缝合。也不可作在侧面，尤其不得作在小弯上，因这些部位的血管粗大，出血较多。胎儿活着或子宫捻转时，切口出血很多，必须边切边用止血钳止血，不要一刀把长度切够。

（4）拉出胎儿　将子宫切口附近的胎膜剥离一部分，拉出切口外再切开，这样可防止羊水流入腹腔。慢慢拉出胎儿，交助手处理。活胎拉出速度不宜过慢，以免因吸入羊水而窒息。拉出的胎儿首先要清除口鼻内的黏液。如果发生窒息，先不要断脐，一方面用手捋脐带，使胎盘中的血液流入胎儿体内，同时按压胎儿胸部，待呼吸出现后再断脐。拉出胎儿后，必须注意防止子宫切口回缩，羊水流入腹腔。如果胎儿已死亡，拉出有困难，可先行部分截除。

（5）处理胎衣　尽可能把胎衣剥离拿出，子宫颈闭锁时尤应这样，但也不要硬剥。胎儿活着时，胎儿胎盘和母体胎盘粘连紧密，勉强剥离会引起出血。此时可在子宫腔内注入 10％氯化钠溶液，停留 1～2 min，以利于胎衣的剥离。如果剥离很困难，可以不剥，术后注射子宫收缩药，让其自行排出。

（6）清理子宫　将子宫内液体充分蘸干，均匀撒布四环素类抗生素 2 g 或使用其他抗生素或磺胺类药，更换填塞纱布。

（7）缝合子宫　用丝线或肠线、无刃针及连续缝合法，先把子宫浆膜和肌内层的切口缝合一道，再用胃肠缝合法缝第二道（针不可穿透黏膜），使子宫切口内翻。用温的无刺激性消毒溶液或加入青霉素的温生理盐水，冲洗暴露的子宫表面（不可流入腹腔），蘸干并充分涂以抗生素软膏后，送回腹腔。

（8）闭合腹腔　用粗丝线及皮肤针采取锁边缝合法把腹黄膜和腹斜肌腱膜、腹直肌、腹横肌腱膜及腹膜一起缝起来。缝完之前，用细橡胶管向腹腔内注入大剂量水剂青霉素或磺胺类制剂等抗菌药物。然后用同法缝合皮肤切口，并涂以消炎防腐软膏。

术后护理及治疗：按一般腹腔手术常规进行。如切口愈合良好，10 d 后拆线。

2. 腹侧切开法　子宫发生破裂时，破口多靠近子宫角基部，宜行腹侧切开法，以便于缝合；在人工引产不成的干尸化胎儿，因子宫壁紧缩，不易从腹下切口取出，亦宜采用此法。切口部位可选用左或右腹侧，每侧的切口又有高低不同。选择切口的原则也是在哪一侧容易摸到胎儿，就在哪一侧施术。两侧都摸不到时，可在左侧做切口。以左腹侧切口为例，介绍它和腹下切开法不同之处。

（1）保定　需站立保定，使一部分子宫壁能拉到腹壁切口之

外。如果无法使牛站立，可以使其伏卧于较高的地方，把左后肢拉向后下方使子宫壁靠近腹壁切口。

（2）麻醉　可行腰旁神经干传导麻醉或肌内注射盐酸二甲苯胺噻唑并施行局部浸润麻醉。

（3）切开腹壁　切口长度约35 cm，切口做在髋关节与脐部之间的连线上或稍前方。整个切口宜稍低一些，以便暴露子宫壁，但切口下端与乳静脉间应留有一定的距离。切开皮肤与皮肌，按肌纤维方向一次切开腹外斜肌、腹内斜肌、腹横肌腱膜和腹膜，以便缝合及愈合；但这样切口的实际长度往往大为缩小，不利于暴露子宫。因此，可将腹外斜肌按皮肤切口方向切开，其他腹肌按纤维方向切开。

（4）暴露子宫　如瘤胃妨碍操作，助手可用大块纱布将它向前推，术者隔着子宫壁握住胎儿的某一部分向切口拉，将子宫大弯暴露出来。

（5）缝合腹壁　先用丝线连续缝合腹横肌腱膜和腹膜上的切口；如果两层腹斜肌是按肌纤维方向切开的，可分层用上述方法缝起来。如果腹外斜肌是横断的，助手可将切口的两边向一起压迫，术者用褥缝合法把腹外、腹内斜肌上的切口同时缝起来。皮肤切口用丝线及锁边缝合法缝合。

阵缩及努责微弱

阵缩及努责微弱，即分娩时子宫及腹壁的收缩次数少，时间短和强度低，以致胎儿不能排出。主要发生于牛、猪、羊；奶牛的此种难产，占7%～20%。且发病率随年龄和胎次而增高，青年母牛为2%，2～5胎牛可增至9%～10%，老龄牛则增至3%～28%。按发生的时间，可分为两种。分娩一开始就发生的，为原发性阵缩及努责微弱；开始时正常、以后收缩力变弱的，则称为继发性阵缩及努责微弱。

● 病 因

1. 原发性阵缩及努责微弱 原因很多,如妊娠末期,尤其产前期孕畜内分泌平衡失调,雌激素、前列腺素分泌不足,或孕酮量过高,或分娩时催产素分泌不足,妊娠期间营养不良,使役过度,体质乏弱,年老,运动不足,肥胖羊多见;全身性疾病(如损伤性网胃炎及心包炎、瘤胃弛缓等)、布鲁氏菌病、子宫内膜炎引起的肌纤维变性;胎儿过大或羊水过多造成的子宫壁菲薄、腹壁下垂和腹壁疝;腹膜炎,以及子宫和周围脏器粘连等。原发性阵缩及努责微弱与分娩时的低血钙有关。也可能与其他代谢病(低镁症、低血糖、酮病)、衰竭性营养不良、毒血症有关。

2. 继发性阵缩及努责微弱 通常见于胎儿未能顺利产出,产道狭窄或胎儿反常的情况下,子宫及腹壁的收缩起先是正常的,最后由于过度疲劳,致使阵缩和努责减弱,以至完全停止。

● 症状及诊断

1. 原发性努责和阵缩微弱 根据预产时间、分娩现象及产道检查即可做出诊断。母畜妊娠期满,分娩预兆也已出现,但努责的次数少,时间短,力量弱,长久不能排出胎儿。在山羊,胎儿排出的间隔时间延长,有时临床表现很不明显,没有努责,看不出已开始分娩。

产道检查,在牛可发现子宫颈松软开放,但开张不全,仍可摸到子宫颈的痕迹;胎儿及胎囊尚未楔入子宫颈及骨盆腔。

2. 继发性阵缩及努责微弱 诊断没有困难,因为先前已经发生了正常收缩。奶山羊经常已排出部分胎儿。

● 预 后

应当谨慎。如不及时助产,阵缩努责停止,胎儿死亡后可发生腐败分解、浸溶或干尸化，甚至引起脓毒败血病。

● 助 产

在大家畜，可根据分娩持续时间的长短、子宫颈扩张的大小或松软程度、羊水是否排出或胎囊是否破裂、胎儿死活等，确定何时及怎样助产。

如子宫颈已松软开大，特别在羊水已经排出和胎儿死亡时，应立即施行牵引术，将胎儿拉出。

如子宫颈尚未开大或松软，胎囊未破，且胎儿还活着，就不要急于牵引。否则胎儿的位置和姿势尚未转为正常，子宫颈开张和松软不够，强行拉出会使子宫颈受到损伤。

助产可采用以下方法：

1. 牵引术 见手术助产的基本方法，亦可通过产道抚摸或按摩子宫（大家畜），或者隔着腹壁按摩子宫（小家畜），以促进子宫收缩。

2. 催产 大家畜一般不用药物催产。在羊，如果手和器械触不到胎儿，可使用刺激子宫收缩的药品。

给羊催产前，必须确保子宫颈已充分开张，胎儿的方向、位置和姿势均正常，骨盆无狭窄或其他异常，否则可能造成子宫破裂！通常使用的催产药物是垂体后叶素或催产素，肌内或皮下注射。用药不可过迟，因为分娩开始 1～2 d，体内雌激素大为减少，药效会降低。为提高子宫对药物的敏感性，必要时可注射己烯雌酚。肌内注射 $PGF_{2\alpha}$ 可增强子宫的收缩，促进分娩进程。如怀疑是由低钙血症所致，可缓慢静脉注射 10% 葡萄糖酸钙。

努责过强及破水过早

努责过强，是指分娩时子宫壁及腹肌收缩的时间长，间隙短，力量强，以致出现痉挛性的不协调收缩，形成狭窄环。破水过早则指的是在宫颈未完全松软开张、胎儿姿势尚未转正和进入产道时的胎囊破裂和胎水流失。

本病常见于牛，羊很少发生。

● 病 因

胎儿的姿势、位置和方向不正，产道狭窄，胎儿不能排出时，均可引起子宫收缩过强和破水过早。临产前惊吓，气温突然下降或空腹饮用冷水等刺激，可引起子宫反射性挛缩。过量使用子宫收缩性药物，或分娩时乙酰胆碱分泌过多，也可造成努责过强和破水过早。牛在分娩前起卧不安，突然倒卧，也可引起胎囊破裂和破水过早。

● 症 状

母畜努责频繁而强烈，两次努责的间隔时间较短，也不明显。胎儿的姿势如果正常，即可迅速被排出；排出的胎儿有时还带着完整未破的胎膜。否则往往导致破水过早。

阴道触诊，可发现子宫颈松软的程度不够，开张不大。如果尚未破水，隔着胎膜可摸到胎儿尚未转正，或胎儿仍呈下位或侧位，头颈亦未伸直。

● 预 后

只要及时采取适当的护理和治疗措施，努责即可减缓；子宫长期持续收缩，子宫血管和胎盘受到压迫，常引起胎儿窒息。有时还引起子宫、软产道及阴门损伤；胎儿排出后，持续强烈的努责可造成子宫脱出。破水过早常易引起胎儿死亡。

● 助 产

可先让母畜后躯抬高站立，用指尖掐压其背部皮肤，试行减缓努责。如已破水，可根据胎儿姿势、位置的异常情况，采用适当的方法予以矫正并进行牵引。

子宫颈未完全松软开放，胎囊尚未破裂的病例，可注射镇静麻醉药物，如静脉注射水合氯醛（7%）硫酸镁（5%）溶液150～250 mL，亦可先用溴剂10～30 g 口服，10 min 后再静脉注射水合氯醛硫酸镁溶液。对胎儿已死，矫正、牵引又无效的病畜，应施行截胎或剖宫产术。

骨 盆 狭 窄

在分娩过程中，因骨盆结构、形态异常或径线较短而妨碍胎儿排出的，统称为骨盆狭窄或胎儿相对过大。

● 病 因

根据发病原因，骨盆狭窄可分为先天性、生理性及获得性3种类型。骨盆发育不良或发生畸形的，称为先天性骨盆狭窄。牛、羊未达到体成熟即过早交配，分娩时骨盆尚未发育完全，骨盆狭窄，为生理性骨盆狭窄。盆骨骨折或骨裂引起骨膜增生，骨质突入骨盆腔内，以及骨软症所引起的骨盆腔变形、狭小，为获得性骨盆狭窄。

● 症状及诊断

狭窄不严重，胎儿较小，同时阵缩努责强烈，分娩过程可能正常。否则即导致难产。

在骨盆发育不全时，羊水已经排出，阵缩努责也足够强烈，但排不出胎儿。阴道检查，软产道及胎儿均无异常，即可做出诊断。

在获得性骨盆狭窄时，可发现骨折处的骨瘤，骨质增生及骨盆变形等。

●助 产

对于生理性骨盆狭窄，可先在产道内灌注润滑剂，然后配合母畜的努责，试行拉出。方法可参照胎儿过大的拉出法。当拉出遇到困难，或者获得性骨盆变形狭窄，强行拉出胎儿有损伤子宫壁的危险时，应及早采用剖宫产术或截胎术。

胎 儿 过 大

胎儿过大指的是母畜的骨盆和软产道正常，但胎儿体过大而不能通过。这种胎儿过大也叫胎儿绝对过大。见于牛、羊、猪。

●病 因

调节生长的垂体或甲状腺激素机能失调；妊娠期延长；头胎小母畜怀胎儿数量过少；母畜和大型公畜配种。

●诊 断

分娩的母畜阵缩及努责正常，有时尚可见胎儿两蹄尖露出阴门外，但排不出来。产道检查，产道及胎儿的方向，位置及姿势均正常，无畸形。只是胎儿很大，充塞于产道内。

●助 产

可行牵引术拉出。无论是正生或倒生，只要胎儿很大，不能拉出，即应考虑剖宫产术或截胎术。

双 胎 难 产

双胎难产即牛、羊双胎的两个胎儿同时楔入盆腔，而不能通过。往往伴有胎儿姿势和位置的各种异常。

据报道，黑白花牛难产的 4％ 与双胎产犊有关。双胎难产中，两胎儿均为正生的占 35％～40％，均为倒生的占 5.5％～19％，一个正生一个倒生的占 28％～40％，一个为纵向一个为横向的占 4％，均为横向的占 1％。在双胎难产中，有 22％ 是由两胎儿同时楔入骨盆入口而引起的。

● 诊 断

如果两个胎儿一个正生一个倒生，产道检查可发现一个头和四条腿，其蹄底两个向下（前腿），两个向上（后腿）或为跗部前置。

两个胎儿均为正生时，可发现两个头及四条前腿；均为倒生时，只见四条后腿。头和四肢的姿势及胎儿的位置往往也有异常，因而产道检查所见可能与上述情况有所不同。

当两胎儿楔入骨盆腔的深度不同时，后面的一个胎儿可能被忽略。此外，单胎胎儿如呈腹部前置的横向及竖向，则四肢可同时伸入产道。

因此，必须仔细进行触诊，将两个胎儿分辨清楚，才能做出正确的诊断，从而制订助产方案。此外，必须将双胎和裂体畸形、连体畸形区别开来。

● 助 产

助产原则是先推回一个胎儿，再拉出另一个胎儿，然后再将推回的胎儿拉出。双胎胎儿都比较小，拉出并无困难。

在推之前，必须把两个胎儿的肢体分辨清楚，不要错把两个胎儿的腿拴在一起！同时，两个胎儿进入骨盆的深度不同时，应推回后面的胎儿，拉出前面的胎儿。在母畜侧卧时，则应先推回下面的胎儿，拉出上面的胎儿。如果有一个胎儿姿势不正，宜先拉出姿势正常的胎儿，姿势反常的胎儿待矫正后再拉出。

头 颈 侧 弯

头颈侧弯的特点是胎儿的两前腿伸入产道，而头弯于躯干一侧，没有伸直。这种难产常见于马、牛、羊、犬。在牛，约占胎儿异常所造成难产的一半或更多。

● 诊 断

难产初期，侧弯程度照例都不大。头仅偏于骨盆入口一侧，没有伸入产道，在阴门口上仅看到蹄子。以后随着子宫的收缩，胎儿的肢体继续向前，头颈侧弯的程度越来越重。两前蹄伸出阴门之外，但不见唇部；哪一条腿伸出较短，头就是弯向哪一侧。

产道检查，沿前腿向前触诊，在牛，能够摸到头部弯于自身胸部侧面。

头的方向有 3 种情况：一种是唇部向着母体骨盆，头颈呈 S 状，同时头部捻转，下颌转至上面，额部转至下面；一种是唇部向着母体头部；再一种是介于二者之间，唇部向下（朝向母体腹下）。

● 助 产

站立保定时，应前低后高；横卧保定时，应让要矫正的部分位于胎体之上，并将后躯垫高。牛可选用下列方法：

（1）弯曲程度不大，仅头部稍弯，同时母畜骨盆入口之前空间较大时，只要用手握住唇部，即能把头扳正。在活胎儿，用拇、中二指掐住眼眶，引起胎儿的反抗活动，有时也能使头自动转正。

（2）弯曲程度很大，颈础部堵于盆腔入口时，必须先推动胎儿，使入口前腾出一定的空间，才能把头拉直。推的方法是把产科梃叉顶在胸前和对侧前腿（头颈左弯时顶右前腿）之间向前并向对侧推动。拉胎头时，如能摸到唇部，可以用手握住下颌骨体或下颌骨支，将肘部支在母体骨盆上，先用力向对侧压迫胎头，然后把唇部拉入盆腔入口。

如果用手扳头有困难，可用绳子打一活结，套于下颌骨体之后并且拴紧；术者用拇指和中指掐住两眼眶或握住唇部向对侧压迫胎头，助手拉绳，将头扳正。

也可用单滑结缚住头部牵拉，即将绳子一折为二，在折叠处拴上绳导，带入子宫，由上而下绕过颈部以后，将绳导退出；然后将绳子的两个自由端穿过折叠处后拉紧，即造成一个单滑结。再将颈上的两段绳子之一越过耳朵，滑至颜面部或口角内；助手拉动绳子，术者握住唇部向对侧压迫，将头拉入盆腔。也可用产科铤把胎儿向前推到一定距离，将铤顶住，然后向外拉绳子以矫正胎头。在活胎儿，继续拉出时应将手移至颌下绳子折叠处，并用手指钩住此处，以防耳后绳段越拉越紧，压迫脊髓，将胎儿勒死。

有时牵拉头颈会使胎头以侧位伸入骨盆入口而不能通过，应一面向子宫内推动胎儿，一面扳正胎头，然后拉出。

在胎儿已经死亡，或用其他方法矫正有困难时，也可用长柄钩钩住眼眶拉胎头，这样操作比较省力。如胎头为唇部向着母体骨盆，眼眶位于耻骨前缘之下，唇柄钩钩不住，可使用短柄锐钩；待胎头拉近骨盆入口时，用手把住唇部置入盆腔。

（3）胎儿如已死亡，且上述操作遇到困难，最好及时采用绞断器或线锯将颈部截断，然后将头颈向前推，把躯干拉出来，最后用钩子钩住颈部断端把头颈拉出来。

羊的助产方法基本同上。可先用绳子拴住胎儿的两前腿，然后将母羊的后腿提起，借胎儿的重量及手推（努责强烈时可施行硬膜外麻醉），使胎儿退回子宫。羊的努责力量不强，胎儿也小，只要手能伸入子宫，握住胎头，徒手矫正并不费力，仅偶尔需要绳子或产科钩帮助。如果手够不到头部，可先将母体前躯抬高，等握住胎头后，再将后腿提起矫正。必要时，可施行截胎术或剖宫产。

头 向 后 仰

　　头向后仰的特点是头颈向上向后仰至背部。但严格的后仰是没有的，因为头颈总是偏在背部一旁。此种难产很少见，并且可以看作是头颈侧弯的一种。触诊胎儿，如摸到气管位于颈部的上面，即可同头颈侧弯区别开来。

　　助产方法和头颈侧弯基本相同。一般是在向前推动胎儿的同时，将胎头后仰变成头颈侧弯，然后再继续处理。

头 向 下 弯

　　头向下弯，见于羊和牛。头未伸直，唇部向下，额部向着产道的，称为额部前置；枕寰关节极度屈曲，唇部向下向后，枕部和项部向着产道的，称为枕部、项部前置；头颈弯于两前腿之间之下，颈部向着产道的，则称为颈部前置。

● 诊　断

　　产道内除摸到前腿外，额部前置时，在骨盆入口处可摸到额部；枕部前置时，可摸到项脊及两耳塞于骨盆入口内，且可在阴门口看到蹄子；颈部前置时可以摸到颈部在两前腿之间向下弯，且两腿之间的距离变宽。

● 助　产

　　轻症可行站立保定，重症最好仰卧保定于前低后高的斜坡上。

　　1. 额部前置　　可用四指钩住唇部，拇指按压鼻梁，将头向上抬并向前推，即可将胎儿唇部拉进骨盆入口。

2. 枕部前置　如楔入盆腔不深，可先用产科梃顶在胸部或一侧前腿之间向前推，然后按上法将唇部拉入盆腔。也可先将绳子套在上颌或下颌骨体之后拴紧，在术者用手指掐住两眼眶向上向前并向一侧推头的同时，助手将唇部拉入盆腔。用推拉梃矫正下弯的胎头时，首先应把绳子套在口内，将梃叉顶在额部拉紧绳子。然后，一面向上并向子宫内推胎头，一面用手握住下颌向后拉头，即可拉直。

如胎儿已死，且枕部已达阴门处，可用产科刀把枕寰关节背侧的软组织切断，使关节充分屈曲，然后用复钩夹住颈部断端，拉出胎儿；亦可从枕寰关节把头截下取出再将胎儿拉出。

3. 颈部前置　死胎儿可行截胎术。先把颈部截断，再先后把躯干和头颈拉出来。如胎儿活着，或无线锯，则可先用产科梃顶在胸部与一前腿之间，将胎儿尽可能向前推；再把另一前腿的腕关节弯曲起来，并向前推，变为肩部前置，以便使头颈有活动的余地。然后握住下颌向上并向一边拉头，使头先成为横向；再按上法用手握住或用绳拴住下颌骨体，将唇部拉入盆腔。最后再把另一前腿矫正复原，即可拉出胎儿。

头 颈 捻 转

头颈捻转的特点是胎儿头颈围绕自身的纵轴发生扭转，使头成为侧位，即捻转 $90°$；或下位，即捻转 $180°$，额部在下，下颌朝上。

◉ **诊 断**

两前肢进入产道。头部位于两前腿之上，但下颌朝着一侧，或者朝上，而头颈部显著变短。

● 助 产

将胎儿推入子宫内，用手掐住眼眶或握住一侧下颌骨支，把头翻转拧正，再拉入产道。或用扭正梃伸入胎儿口内，将头扭正。亦可用手将胎头固定后，应用翻转母体的方法扭正胎头，再行拉出。

腕 部 前 置

腕部前置的特点是前腿没有伸直，腕关节屈曲而前置。腕关节屈曲必然伴发肩、肘关节弯曲以致前腿折叠，肩胛围增大。

● 诊 断

两侧腕部前置，在阴门口上什么也看不到，一侧腕部前置则可能看到另一个前蹄；产道检查可摸到一条或两条前腿屈曲的腕关节位于耻骨前缘附近，或楔入骨盆腔内。

● 助 产

助手将产科梃顶在胎儿胸部与异常前腿肩端之间向前推，术者用手钩住蹄尖或握住系部尽量向上抬，或者握住掌部上端向前，向上并向外侧推，然后使蹄子向骨盆腔内伸，使之越过耻骨前缘，而将前腿拉直。亦可用绳子拴住异常前腿的系部，术者用一只手握住掌部上端向前向上推，另一只手拉动系部，前腿即可伸入盆腔。

也可使用推拉梃，即将梃上的绳子绕过腕部，并将梃叉伸至腕部下面用力拴紧，助手向上向前推，术者用手钩住蹄尖把它拉入盆腔。

羊的一侧异常，亦可先将异常肢推入子宫，使之变成肩部前置，然后将胎儿拉出。

肩 部 前 置

肩部前置的特点是胎头已伸入盆腔，而前腿肩关节以下部分伸于自身躯干之旁，以致胸部体积增大。

○诊 断

阴门处可看到胎儿唇部，或唇部及一前蹄尖；也可能什么都看不到。产道检查可摸到胎头及屈曲的肩关节，前腿自肩端以下位于躯干侧下。

○助 产

根据母畜骨盆及胎儿的大小，一条或两条前腿异常及其进入盆腔的深度而采用下列术式。

1. 一侧肩部前置 进入骨盆不深时，可先将产科梃叉顶在胎儿胸前与对侧正常前腿之间，术者用手握住异常前腿下膊的下端，在助手向前并向对侧推的同时，把下膊下端向骨盆拉，使之先变成腕部前置。如使用推拉梃，可将绳子套在正常前腿上，拉紧绳子，固定好梃叉，术者可腾出手去矫正异常胎腿。

手达不到前肢下端，也可用推拉梃把绳子带到腕部，将梃叉放在它前面，助手先把前腿拉成腕部前置，然后再继续矫正拉直。如胎头已露出阴门外，不易拉回，且胎儿不大，尤其一侧性异常，可不加矫正，即试行拉出。

2. 两侧肩部前置 也可按上述方法助产。如胎儿已死，肩端楔入盆腔较深，且头已露出阴门之外，可先把头从枕寰关节截掉，然后推回胎儿，并按上法进行矫正。

羊，如果胎儿小，不进行矫正直接轮流向左和向右拉头，有时也能拉出来，但可能损伤产道。

肘关节屈曲

肘关节屈曲的特点是肘关节未伸直，呈屈曲状，肩关节也屈曲，以致胸部体积增大，但腕部还是伸直的。

● 诊　断

在阴门处可以看到唇部，一个或两个前蹄（一侧或两侧异常）位于下颌之后旁。检查胎儿可发现一个或两个肘关节屈曲。

● 助　产

很容易矫正。用手（必要时也可用产科梃）向前推动异常前腿的肩端，用另一只手或绳子拉动蹄子即可拉直。在羊，可先握住胎蹄，再将母羊倒提起来，即能拉直。

前腿置于颈上

前腿置于颈上的特点是一前腿或两前腿（交叉）位于头颈之上，多为两侧性的；在阴门内可以摸到蹄尖位于唇部上方两旁，两腿交叉。

● 助　产

术者手伸入产道，抓住位于上面的前腿，先向正常侧再向下拉，即可矫正过来。如为两侧性的，可分别在两前腿系部拴上绳子，在向前推胎儿的同时，先将位于上面的一条腿向上并向正常侧拉，使前腿复位。然后以同法矫正另一前腿。

如蹄子已戳入阴门内壁，则必须先推回胎儿，使蹄子退出破口，再行矫正。胎儿拉出后，要缝合伤口。

跗 部 前 置

跗部前置即后腿没有伸直即进入产道，跗关节屈曲，向着盆腔。跗关节屈曲必然伴发髋、膝关节屈曲，以致后腿折叠，后躯无法通过盆腔。

●诊 断

如为两侧跗部前置，从阴门什么也看不到。产道检查，在骨盆入口处可摸到胎儿的尾巴、坐骨结节、肛门、臀部及屈曲的跗关节。一侧跗部前置时，阴门内可见到蹄底向上的另一后腿，往往为坐骨前置。

●助 产

原则和方法基本与正生时的腕部前置相同。一般是将产科梃竖顶在坐骨弓上或横顶在尾根和坐骨弓之间向前推，术者用手钩住蹄尖或拦住系部尽量向上抬或者握住跗部上端向前、向上并向外侧推，然后使蹄子向盆腔内伸，使之越过耻骨前缘，拉直拽出。亦可先用绳子拴住异常后腿的系部，在牛，使绳子穿过两趾之间，这样拉绳时蹄子就可向后弯起来；术者用一只手握住跗部上端向前向上推，另一只手拉绳，后腿即可伸入盆腔。

如跗部已深入盆腔，上述矫正方法遭遇困难，且胎儿已经死亡，可先把跗关节截断，取出截下的部分，然后用绳子拴住胫骨下端，将后腿拉直，最好同时向前推动胎儿，以防膝部损伤软产道。

羊的一侧跗部前置，甚至可试将跗部向前推，使之变为坐骨前置，然后拉出胎儿。

坐 骨 前 置

坐骨前置的特点是髋关节屈曲，后腿未进入盆腔，而伸于自身躯干之下，坐骨向着盆腔。两后腿均为坐骨前置的，称为坐生。

● 诊　断

一侧坐骨前置时，阴门内可见一蹄底向上的后蹄尖。如为坐生，阴门内什么也看不到；进行内部检查，在骨盆入口处可摸到胎儿的尾巴、坐骨结节、肛门，再向前能够摸到大腿向前伸。在胎儿死亡或活力不旺盛的情况下，有时还可发现胎粪。

● 助　产

原则和方法基本与正生时的肩部前置相同。根据胎儿的大小，楔入盆腔的深浅及一或两后腿异常，可选用以下方法。母畜的保定要前低后高，必要时也可仰卧。

矫正方法一般是把产科桫横顶在尾根和坐骨弓之间，术者用手握住胫骨下端，必要时也可用推拉桫把绳子带至胫部下端，用力拴住，在助手向前推动胎儿的同时，术者用手或推拉桫向上抬并向后拉，使之变成跗部前置，然后再继续矫正拉直。

羊的一侧异常，如胎体小，且已深入盆腔，不能推回，可以不加矫正，直接拉另一条腿。方法是轮流向左及向右拉。

在坐生，如胎体小，也可不加矫正，直接拴上绳子拉出。如胎儿已死，可用肛门钩或产科钩自胎儿体外向内钩住耻骨前缘，把胎儿拉出，也可考虑采用截胎术。

正生侧位或下位

正生侧位多见于牛、马，正生下位多见于马、驴。

诊 断

在侧位，产道内可摸到两前蹄底向着侧面，唇部伸入盆腔，且下颌向着一侧；但有大约半数病例，两前腿和头颈是屈曲的，不伸入盆腔。在下位，两前腿和头颈一般都是屈曲的，位于盆腔入口之前；偶尔前腿蹄底向上伸入盆腔，头颈侧弯在子宫内。继续向前触诊，根据胸背部的位置可以确定为侧位或下位。

助 产

胎位异常时，除非胎儿很小，一般都必须把胎儿转正，成为上位或轻度侧位，然后拉出。但因受头部的阻碍，转动胎儿比较困难。翻转羊的正生胎儿，用手转动即可，必要时可将母羊倒提起来。转动胎儿时应灌入大量润滑剂，并应防止由于操作不慎而导致子宫破裂。现以下位并且逆时针（从后向前看）转动为例，介绍两种翻转胎儿的方法。

在刚发生的病例，因为胎水尚多，子宫尚未紧裹住胎儿，转动胎儿一般并不困难；但必须使母畜站立，方便操作。先用手把右前腿拉直伸入产道，然后用手钩住胎儿鬐甲部向上抬，使它变为左侧位，再钩住下面的左前腿，肘部向上抬，使胎儿基本转为上位。然后用手握住下颌骨，把胎头逆时针转正，拉入骨盆腔；最后把左前腿也拉入盆腔，即可拉出。这在刚开始分娩的病例，都很容易，甚至一开始依次向上抬鬐甲及左前腿肘部时，就能把胎儿转为轻度侧位或上位，然后再矫正头及两前腿的姿势。在活胎儿，有时用拇指及中指掐两眼眶，借助胎儿的挣扎就能把头及躯干转正。

如果母畜不愿站立，可侧卧保定在斜坡上，使后躯较高。将胎儿的一前腿变成腕部前置后，紧握掌部固定。然后将母畜向对侧迅速仰翻过去，一次不行，可重复翻转。至于母畜卧于哪一侧，应视胎头的位置而定。如胎头位于自身左方，必须使母畜左侧卧保定，向右侧翻转，否则相反。胎头位于两前肢之间时，卧于任何一侧均可。

在病程延误的病例，难产时间已久，胎水流失，子宫缩小，胎儿挤在盆腔入口前，转动有困难；必须在子宫内灌入大量润滑剂。为了克服努责，可行后海穴麻醉。尽可能不使母畜卧下，否则操作要困难得多。如果胎头和两前肢都是屈曲的，应先在两球节上方缚上绳子并使左腿在上，右腿在下。术者先用手握住下颌骨体或左侧下颌骨支，逆时针翻转头部并导入盆腔；然后一个助手向左（胎儿的左侧）向下拉右腿，另一个助手向右（胎儿的右侧）向上拉左腿，这样交叉拉两前腿；同时术者用手钩住左肘部向上抬，助手继续拉右腿，即可把胎儿转为上位或轻度侧位。在死胎儿，可用产科钩钩住眼眶，由助手向对侧轻拉，帮助术者进行翻转胎儿的操作。

只要头转正了，躯干也基本上能转为轻度侧位，因为盆腔入口的侧壁是由下向上向外倾斜的，拉出过程中背部就能沿此斜面向上滑动，基本上转为上位，不致影响拉出。如果胎头阻碍胎儿转动，也可先将头颈截除，然后用上述扭转法拉出胎儿。

倒生侧位或下位

倒生侧位及下位，两后腿常是屈曲的，偶见深入产道，蹄底向着侧面或向下。检查胎儿时，借跗关节可以确定是后腿，继续向前触诊，可以摸到臀部向着侧面，或位于下面。

● 助 产

因为没有头部的阻碍，转动及拉出胎儿比正生时容易得多。

不论侧位或下位，均需先将两后腿拉直进入盆腔。母畜必须行站立保定。

1. 倒生侧位　胎儿两髋关节间的长度较母畜骨盆的垂直径短，通过盆腔并无困难，因此不需要转正。随后，在拉腹胸部通过时，因为盆腔入口侧壁是向上向外倾斜的，所以背部也可沿此斜面向上滑动而基本上转为上位。如对侧位的骨盆进行翻转，术者可向上抬下面的一个髋结节或膝关节，同时助手用力拉上部的后腿。亦可采用正生下位的扭转拉出法。

2. 倒生下位　除非胎儿很小，一般均需要转正。方法基本与侧位相同，即拉位置在上的一条后腿，同时抬位置在下的对侧髋结节，使骨盆先变为侧位，然后再继续扭转拉出。如胎儿已死，两跗部已露出阴门之外，可在二者之间放一粗棒，用绳以"8"字形缠绕把它们一起捆紧；用力转动粗棒，将胎儿转正。

倒生下位的转正，亦可采用固定胎儿翻转母体的方法。

但必须注意，不论采取什么方法，转正前必须灌入大量润滑剂。否则，强力扭转会损伤母体。

腹部前置竖向

腹部前置竖向，即腹竖向，特点是胎儿躯干竖立于子宫内，腹部向着骨盆入口，头及四肢伸入产道。

腹部前置竖向又分为头部向上（头部及四肢伸入产道）及臀部向上两种。

臀部向上的竖向，是指胎臀在上后肢以倒生的姿势楔入骨盆腔入口，同时两前蹄也伸至入口处。这种异常极少，而且可以看作是坐生的一种，助产方法是把两前蹄推回子宫后，按坐生处理。

这里仅介绍头部向上的竖向。

● 诊　断

分娩之初检查胎儿时，除在产道内摸到正常前置的头及前腿外，还能在耻骨前缘或盆腔入口处摸到后蹄。但通常总是延误了若干时间，经过阵缩，唇及前蹄已见于阴门处且姿势正常，但胎儿不能继续排出，于是施行牵引；至头颈前腿露出后还拉不动的时候，才怀疑后躯发生了异常。这时沿躯干侧面用力向前伸，即可在骨盆入口处摸到屈曲的后腿，整个后躯增大，阻塞于骨盆入口，不能通过；后蹄已进入盆腔入口，位于膝部与腹部之间，跗部挡在耻骨前缘上；有时只一后蹄呈这种折叠状态，另一后蹄仍在耻骨前缘之前。

此外，有时也可遇到腹部前置的竖向，伴有前躯的姿势异常，如胎头侧弯及腕部前置等。这时，前躯就不会露出阴门之外。因而在行产道检查时，除了注意检查和矫正头部以外，还必须弄清进入产道的是前蹄还是后蹄，以免矫正拉出发生错误。

● 助　产

根据难产发生时间的长短，前躯露出的多少及胎儿的大小，可选用以下助产方法：

1. 在刚发生的病例　头及前躯进入骨盆腔不深，且手能伸至盆腔入口处，这时可握住后蹄，先尽可能向上抬，再越过耻骨前沿推回子宫。如果推回有困难，可将母畜仰卧或半仰卧保定。头及前腿的姿势如有异常，也应加以矫正，然后将胎儿以正常的正生拉出。如矫正困难，且胎儿尚活着，应立即施行剖宫产术，以免延误而造成胎儿死亡。

2. 在延误的病例　或曾经强行拉出，头颈及前腿已露出于阴门之外，胸部楔入盆腔内，后蹄也已进入盆腔较深而无法推回时，只要手能达到后蹄，即可先在其系部拴住绳子，术者用手把跗部或跖部尽可能向上抬，助手拉绳，使后腿直伸于自身躯体之下。然后同时拉动头及四肢，将胎儿拉出来。

3. 在矫正困难的病例　胎儿一般均已死亡，应立即施行胸部缩小术，然后将手伸入产道，把后蹄推回子宫，再拉出胎儿。如果无法把后蹄推入子宫或拉直，也可行前躯截除术。拉出前躯后，将剩下的腰臀部推回，然后按倒生拉出。

背部前置竖向

　　背部前置竖向，即背竖向，特点是胎儿躯干竖立于子宫内，背部向着母体骨盆入口，头部在上，头和四肢呈屈曲状态。这种胎向异常仅偶尔见于牛和山羊。

●诊　断

　　背部前置竖向，有两种情况：一种是前躯距骨盆入口较近，在骨盆入口之前可以摸到胎儿的鬐甲、背部及颈部；另一种是后躯靠近骨盆入口，能够摸到荐部、尾巴及腰部，但臀部位于耻骨前缘前下方。

●助　产

　　胎儿臀部靠近骨盆入口时，可将胎儿先变为坐生。方法是将中指插入阴门，或用复钩夹住死胎臀端，将胎儿臀部拉向骨盆入口，然后再按坐生处理。头及前腿靠近骨盆入口时，可先用绳子及产科钩，将胎儿的头及前腿拉向骨盆入口，将胎儿变成正生下位。然后按正生下位的矫正方法，将胎儿翻转成为上位，再行拉出。此时胎儿多已死亡，矫正如有困难，可用钢绞绳施行截半术，然后分别拉出。

腹部前置横向

　　腹部前置横向，即腹横向，是指胎儿横卧在子宫内，腹部向着骨盆，四肢伸向产道。

● 诊 断

在产道内可以摸到蹄底朝向一侧的四肢，且前后腿彼此交叉；但有时四肢并不都伸入产道，有的是屈曲的。再向前触诊，即可摸到胎儿的腹部。横卧的胎儿往往是斜的，即一端高，一端低。胎儿的前躯和后躯可能距母畜骨盆入口等远，或一端更靠近些。

● 助 产

在胎儿较小及刚发生的病例，矫正的方法有两种。

1. 将胎儿变为倒生侧位，进而扭正为上位，使整个后躯呈楔形，不经矫正，也容易拉出 矫正方法是把推拉梃叉固定在前腿腋窝内，亦可用帆布圈或绳圈分别套在两前肢的下膊上端，然后把梃叉分别叉入两套圈内，向前推动胎儿前躯（需在球节之上拴上绳子并拧紧缠在梃柄上，否则向前推时仅前腿动，前躯不动）。然后拉动后腿，变为倒生侧位。最后将胎儿扭转为上位拉出。

2. 将胎儿变为正生侧位 当胎儿的头及前躯距离骨盆入口很近时，才采取这一方法。先用推拉梃将后腿推回子宫，然后用产科钩拉头，用绳子拉两前腿，将前肢及唇部拉入盆腔，再按正生侧位助产法矫正并拉出胎儿。

如胎儿大、胎水流失，子宫紧裹住胎儿，而上述矫正法有很大困难且胎儿已死亡，则应尽早施行截胎术。将两侧前腿从肘关节截掉，必要时还可把头颈部截掉，然后向前推动前躯，倒生拉出胎儿。

背部前置横向

背部前置横向，即背横向，是指胎儿横卧在子宫内，背部朝着骨盆入口。

● 诊　断

产道检查，什么也摸不到。手伸至骨盆入口前才摸到胎儿背腰部脊椎棘突的顶端，沿脊柱及其两旁触诊，依据肋骨、鬐甲、腰横突、髋结节和荐部，即能做出诊断，并能够确定头尾各向着哪一侧。

● 助　产

在胎儿较小及刚发生的病例，可加以矫正。先将推拉梃缚于胎儿的胸部，或者在死胎背部做一切口，将产科梃叉顶在骨质上，再用钩子钩住臀端；在向子宫内推动前躯的同时，向骨盆内拉臀端，将胎儿变成坐生侧位，然后再继续矫正并拉出。

在胎儿较大，且难产已久，胎儿死亡，胎水流失，子宫紧裹住胎儿的情况下，上述矫正方法遇到的困难很大。可进行截半术，由腰部将胎儿截为两半，然后分别拉出。

第四章 雄性生殖器官疾病

阴 囊 皮 炎

阴囊皮炎通常由外伤、感染、昆虫刺螫、化学药品、肥皂或油膏类药物刺激所引发。牛常见卧地时因阴囊下半部长期磨伤而引起阴囊皮肤肿胀、皱褶、发红等症状。任何阴囊皮炎均可因阴囊温度升高而最终导致睾丸变性和生育力下降。

阴囊皮炎的防治，主要在于避免阴囊受到外伤、感染、化学药品和油膏类刺激；防止昆虫刺螫；阴囊手术，应采用剪毛，以避免剃毛引起擦伤或刮伤。一旦发生皮炎，应及时消除病因，保持阴囊皮肤清洁、干燥。初期应涂布3％龙胆紫等刺激性小的药液，以后涂布抗生素软膏。

阴 囊 积 水

阴囊积水是指总鞘膜腔内蓄积大量浆液性渗出液或漏出液，故又称总鞘膜腔积水。特征是阴囊逐渐增大，无明显热痛，亦无全身变化。各种动物均可发生，老龄动物居多。

●病　因

主要原因是精索血液循环障碍，睾丸、附睾、精索等损伤和精索淤血等所致的总鞘膜或固有鞘膜的慢性炎症。鞘膜腔内有寄生虫侵袭或心脏、肝脏疾病引起腹腔积水时，亦可伴发阴囊积水。

●症 状

一侧或两侧阴囊逐渐增大，常见为两侧性的，多为慢性经过。由于总鞘膜腔内积聚大量浆液性液体，使阴囊显著增大，阴囊壁皱褶展平，皮肤紧张。局部触诊富有弹性，有明显波动感，一般无热痛（少数急性型可有中度热痛反应）。触诊有压痕，若用手捏阴囊底上提或使动物仰卧，可因部分液体流入腹腔而使增大的阴囊缩小，阴囊重现皱褶；若放下阴囊或使动物恢复站立，则阴囊又迅速增大。病程迁延时，阴囊壁轻度增厚，睾丸逐渐萎缩。

阴囊积水对生殖机能的影响颇大。由于积水使睾丸温度调节失控而引起不育。牛中度阴囊积水时对精液质量的影响并不明显，慢性严重积水时则精液质量明显下降。

●治 疗

初期应使用镇静剂使动物安静，局部选用20%硫酸镁液温敷或涂布醋调的复方醋酸铅散或樟脑软膏等，并向阴囊内注入含40万～80万IU青霉素的2%普鲁卡因液20～30 mL或青霉素、氢化可的松、普鲁卡因合剂。

上述方法治疗无效或慢性经过者，可在严格消毒下，穿刺吸出总鞘膜腔内液体，注入少量碘酊、酒精或复方碘溶液，经充分按摩（注意防止药液经鞘膜管进入腹腔而引起腹膜炎）后再将药液抽出，以引起炎症反应，促使局部组织粘连，减少渗出。

若经上述治疗仍无效或该动物无种用价值，则最好采用被睾去势术进行去势。

腹水伴随的阴囊积水，应着重治疗原发病并配合局部治疗。

阴 囊 创 伤

阴囊悬垂于腹下的动物容易发生阴囊甚至睾丸组织的创伤，

最常见的为撕裂创或并发血肿的挫创。

对阴囊皮肤创伤或化学性损伤的治疗，一般可涂布抗生素软膏，每日2～3次，对深层撕裂创，应在彻底清创处理后，用缝合丝线缝合创口，全身应用抗生素。

若阴囊内创液很多，应在阴囊前部腹壁上插入一小型彭罗斯氏引流管进行引流，不应通过阴囊皮肤进行引流，以免引起阴囊皮肤发炎和溃烂。严重睾丸损伤甚至已发生化脓者，可做一侧成两侧睾丸摘除术并行引流，或与阴囊一并进行全切除。

阴　囊　疝

阴囊疝（包括腹股沟疝），牛的阴囊疝发生较少，但在海福特牛中有一定的发病率，且常见于右侧。

● 症 状

腹股沟疝，除非发生嵌闭（出现急腹症），一般不引起人们的注意，只有当疝内容物下坠至阴囊内表现阴囊疝症状时才被发现。此时可见一侧性阴囊增大，皮肤皱褶展平，紧张且发亮，触诊柔软有弹性，多数不敏感，听诊可闻肠蠕动音。

1. 可复性疝　牛经直肠检查可触知腹股沟内环扩大，可小心地牵引落入阴囊的肠管使其回至腹腔；羊可将两后肢提举，使增大的阴囊缩小到自然状态。

2. 嵌闭性疝　全身症状明显，出现剧烈腹痛、不愿行走、运步时步态紧张、后肢开张、脉搏及呼吸增加、阴囊皮肤紧张、浮肿并常因出汗而变湿润，阴囊皮肤发凉。严重的，可因发生休克或败血症而死亡。

● 治 疗

嵌闭性疝，必须立即手术治疗。非嵌闭性疝，尤其是先天性的，有的可随年龄增长，腹股沟环逐渐缩小而达到自愈。

在具体方法上，目前认为对嵌闭性疝以采取先夹住坏死肠管然后切开腹股沟管（疝轮）的手术方法较为合适。对一般性阴囊疝，除在紧靠阴囊颈部进行切开、整复疝内容物、缝合腹股沟环的常规方法外，目前多主张对幼仔采用皮外闭锁缝合腹股沟管（不切开皮肤）的方法，并已取得良好的效果。

龟头包皮炎

龟头包皮炎是指阴茎龟头和包皮黏膜的炎症。各种动物均可发生，常见于牛、羊和犬。

病　因

1. 非传染性龟头包皮炎　主要因龟头和包皮遭受机械性或理化性损伤所致。如配种（或采精）过程中的外伤（擦伤、撕裂伤、假阴道橡皮圈的勒伤等）、冻伤、青年公畜间的相互爬跨、龟头结石（尤其是羊）、阴茎脱垂或包皮腔内进入草屑、麦秆、树枝、沙子及粪尿等污染，均可使龟头包皮发生损伤而发炎，为包皮内潜伏的棒状杆菌、假单孢菌、链球菌和葡萄球菌等侵入创造了条件。

在美国和澳大利亚还报道有一种发病率很高的羊非传染性龟头包皮炎，与高湿度的春季、长期饲喂豆科饲料或高氮日粮有关，特别是阉羊，由于在包皮腔内排尿，棒状杆菌水解尿素产生的氨较多，直接灼伤包皮腔黏膜而引起包皮腔溃疡和糜烂。

2. 传染性龟头包皮炎　主要由结核杆菌、胎儿弧菌、传染性鼻气管炎病毒、绵羊坏死性病毒引起。结核杆菌感染包皮、阴茎淋巴结时，引起龟头增大、颗粒性出血病灶、阴茎和包皮粘连、包茎等症状；胎儿弧菌感染可引起3岁以上牛的龟头包皮炎（胎儿弧菌适宜生存在上皮隐窝内，3岁以下的牛上皮隐窝尚未形成）；传染性鼻气管炎病毒可引起牛的脓疱型龟头包皮炎；绵羊坏死性病毒可致羊包皮周围溃疡，由性接触传播。

3. 侵袭性龟头包皮炎　可由牛毛滴虫、丝虫引起。

● **症　状**

病初，包皮前端呈轻度热痛性肿胀，包皮口下垂，流出浆液性或脓性分泌物，黏着在包皮口被毛上，配种踌躇或拒绝配种，以后炎症向腹下壁和阴囊蔓延，包皮口严重瘀肿，皮肤张紧发亮有紫血斑，包皮口狭窄，阴茎不能外伸或伸出后不能回缩，排尿困难、呈滴状或细线状流出，甚至不能排尿，而发生尿潴留以致膀胱破裂。触诊极敏感，呈捏粉状，包皮腔内有污秽、带恶臭、暗灰色的包皮垢。常伴有体温升高等全身症状。

慢性炎症可引起包皮纤维性增厚，阴茎活动受限，往往发生包皮口狭窄；包皮腔或龟头与包皮黏膜粘连形成包茎；甚至可因炎症向阴茎体蔓延，脱出的阴茎不能复位而遭受挫伤，龟头肿胀而造成嵌顿包茎。

● **治　疗**

首先剪去包皮口周围被毛，用碱性消毒液清洗包皮腔和龟头，食指涂润滑油后伸入包皮腔，彻底清除腔内异物、积尿和包皮垢，用3%过氧化氢液或其他消炎收敛性药液充分灌洗包皮腔。在荐尾硬膜外麻醉下，使阴茎自动脱垂，对挫伤、坏死、溃疡进行彻底处理，过度生成的肉芽用硝酸银棒腐蚀，最后涂布抗生素、呋喃西林或磺胺软膏，并将它回复到原位。

对急性炎症，在清除包皮垢后，可采用干燥疗法，先向包皮腔内充气，后吹入收敛、抗菌和止痒的粉剂（阿司匹林15 g，氯苯磺胺10 g，硼酸5 g），前3 d每天1次，以后每隔1～2 d

1次,一般需要 25～30 d 方可治愈。

局部肿胀的,可配合温敷、红外线照射或局部封闭疗法等,以改善局部血液循环。

龟头包皮部比较敏感,治疗中应禁用腐蚀性和刺激性药物,施行温热疗法亦应严格控制温度。包皮部肿胀严重的,可在无菌操作下进行乱刺减压。疼痛不安的,可用镇静镇痛药。

排尿严重障碍的,应人工导尿或做膀胱穿刺导尿。

对羊的非传染性龟头包皮炎应侧重于预防:①限制公羊含氮日粮的饲喂,促使其排酸性尿;②公羊尽可能不去势;③将感染动物与繁殖群隔离。

轻度炎症,限饲含氮饲料,充分饮水（4～6 d）往往奏效;较重的炎症,可内服氯化铵（1～3 g,每天2～3次）,结合消毒药灌洗包皮腔,如每隔3～4 d 向包皮腔内灌注 5% 硫酸铜 1 次。严重病例,要做包皮口扩大术或切开包皮腔引流尿液和脓液。尿道突和龟头损伤的,不能再作种用。

包 皮 狭 窄

包皮狭窄,又称包茎,是指龟头不能通过包皮口自由地向外正常伸出。先天性包皮狭窄主要见于包皮和阴茎发育不全的动物,如某些品种的羊;后天性包皮狭窄往往是包皮或其周围组织各种病变所致,如包皮口损伤、感染或溃疡所形成的瘢痕、龟头包皮炎或肿瘤等。

●症 状

排尿或自然交配时,阴茎不能向外伸出,很难或完全不能人工将龟头引出包皮口。包皮腔内尿液滞留或积有大量黏稠带腐臭的或坚实的灰黑色包皮垢,常继发炎性肿胀和龟头包皮炎。排尿不畅,多呈慢性经过。

● 治　疗

主要采用包皮口扩大术。术前先清除包皮内污垢，做好术部准备。牛、羊，在局部麻醉下，在包皮口作一楔形切口，最好在包皮口背侧进行，以免术后引起阴茎脱垂。

楔形切口完成后，将包皮腔内、外层（即包皮的黏膜与皮肤）缝合在一起。如有肿瘤，可同时摘除。

术后，按一般外科常规护理，10～12 d拆线，公牛在拆线后2周即可用于配种。

有些因包皮内环狭窄引起包茎的，可在包皮内环上做纵向切开使阴茎正常伸出。先天性包茎应同时采取去势术。

阴茎血肿

阴茎血肿由白膜破裂引起，在阴茎海绵体内形成。破裂属横断性质，血肿的大小和长度差异很大，常见部位在远侧乙状曲（第二曲）的阴茎背侧，在配种中，牛阴茎海绵体内的血压通常可达1 333.33 kPa以上，轻微的损伤即可突发阴茎白膜破裂而形成血肿，伴有周围弹性组织的损伤。本病常见于2～4岁的公牛，尤其海福特牛。

● 症　状

阴囊前方至包皮腔末端或阴囊后方肿胀。肿胀区域内阴茎界限模糊不清，触诊敏感，初期较软，随后坚实。血肿处可感知大面积肿胀，常伴发包皮下垂或阴茎突出于包皮口。若血肿不形成血凝块，则易受感染而引起化脓，同时还使包皮、阴茎、腹壁和皮肤发生粘连而影响配种。全身表现为后肢步幅短缩，步态强拘，轻度拱腰，一般不影响排尿。若血肿不大，不会影响交配。

阴茎血肿的大小与白膜破口大小无关，而与破裂后企图配种的次数有关。阴茎海绵体高度充血时可容纳 200 mL 左右血液,破裂瞬间,血液向破口近侧和远侧周围弹性组织内流动,随后坐骨海绵体肌连续收缩,将血液挤向阴茎旁和皮下,造成继发性包皮下垂。包皮静脉和淋巴管回流受阻,亦可加重包皮下垂和水肿。

治 疗

1. 保守疗法 将病畜与繁殖群隔离,全身抗生素治疗 1～2 周,防止感染和化脓,停止配种 1～3 个月,促使损伤的神经纤维修复,定期做人工牵拉阴茎并检查龟头的敏感性,根据龟头是否丧失敏感性作为淘汰的依据。由于阴茎白膜的愈合较缓慢,病畜一般在 60 d 即可愈合,但 90 d 后愈合才更为牢固。

2. 手术疗法 全身麻醉或荐尾硬膜外麻醉和局部浸润麻醉;侧卧保定;按下列要求准备术部;在紧靠肿胀最明显部位的前侧方做一斜向中线的皮肤切口,长 6～8 cm,经切口暴露阴茎,在阴茎背侧寻找血肿;以 1～2 指伸入切口,将血凝块剥离成小块摘除,直至除去整个血肿;随后,更换隔离创布,从切口中取出阴茎,切开被膜,暴露阴茎背侧白膜的破口;缝合白膜是手术成功的关键,在清除海绵体内血凝块、修整创缘、分清白膜与阴茎海绵体后,用 2 号肠线仔细缝合白膜层,使白膜缘紧密接合,用 1 号肠线缝合弹性层(包括神经血管在内)创口;缝毕,将阴茎还纳,用 45～50℃温生理盐水冲洗原血肿间隙,以纱布吸干并清除小碎片后,用含 80 万～120 万 IU 青霉素的生理盐水或普鲁卡因液冲洗,控制感染;最后,缝合皮下组织和皮肤。皮肤切口采用结节缝合,缝合时应避免过多地通过皮下组织,以免纤维组织产生过多而影响以后的配种机能。

术后,全身抗生素治疗 5 d,10 d 左右肿胀消退后拆除皮肤缝线,并停止配种 1 个月。若术后 10 d 内局部肿胀未见消退,则需做局部开放,引流治疗。

该手术不宜放置引流条！否则，易发生细菌侵入而引起感染。

常见的并发症包括化脓、弹性层与白膜粘连、阴茎感觉丧失、阴茎背侧血管与阴茎海绵体发生脉管分流和血肿复发。

在手术治疗中，若注意紧密缝合白膜，并有相当的并置纤维组织，则可大大减少形成脉管分流和血肿复发的可能性。

缺乏并置的纤维组织，即使不发生脉管分流，血肿也易复发。因此，为了取得白膜并置物，不宜过多地除去血凝块。此外，还应注意避免切断或损伤阴茎背侧神经，否则会影响阴茎的感觉和勃起。

阴茎偏斜

阴茎偏斜常见于公牛，有自发性和外伤性之分。牛阴茎自发性偏斜有 3 种类型。最多的为螺旋形偏斜，其次是向下或拱形偏斜；S 形偏斜最为少见。

自发性偏斜系阴茎背侧韧带机能不全所致。阴茎背侧韧带源于阴茎远端 25 cm 处背中线的白膜纤维，呈扇形，完全被覆于阴茎远端背侧，似帽状，在韧带与白膜之间隔有一层筋膜。韧带的功能是当阴茎勃起时防止阴茎远端向下偏斜。

当阴茎背侧韧带右侧的纵行纤维分离，使韧带滑向左侧、阴茎背侧韧带变薄和发育不良，或阴茎背侧韧带强度很大而长度不足时，就会相应地发生螺旋形偏斜、向下或拱形偏斜和 S 形偏斜。

临床上，自发性阴茎偏斜的发生率高于外伤性阴茎偏斜。

有学者认为，螺旋形偏斜能遗传，但遗传率不高。向下或拱形偏斜有无遗传性尚无定论，但已看到有背侧韧带发育不良的后代。公牛青年期长期饲喂高营养饲料时，常表现明显的性欲减退和阴茎发育停滞，可能是引起向下或拱形偏斜的主要因素。

症状

1. 螺旋形偏斜　在阴茎勃起时阴茎远端旋转，多数向左（逆时针），少数向右（顺时针）旋转。

2. 向下或拱形偏斜　是以阴茎勃起时阴茎向下呈拱形为特征。

3. S形偏斜　见于阴茎过长的老龄公牛，勃起时阴茎呈S形。

治疗

1. 螺旋形偏斜　多采用背侧韧带固定术，即将阴茎背侧韧带固定到白膜上，以防滑脱。以往曾采用过阴茎背侧V形切开嵌合、不吸收缝线缝合或注射硬化剂等方法来固定背侧韧带，但疗效均不确实。

2. 向下或拱形偏斜　采用部分背侧白膜切除或缩短背侧韧带法往往无效，目前多采用的是永久固定法（韧带条植入术或筋膜瓣植入术），这种植入物固定法能增加背侧韧带的强度，具有较高的治愈率。

（1）韧带条植入术　侧卧保定（避免使用镇静剂，以免术后阴茎脱垂和引起感染）；先除去包皮上被毛，用巾钳夹住阴茎海绵体终端（注意不要穿通龟头和尿道）拉出阴茎；在包皮口通过包皮向阴茎背侧注入2%盐酸利多卡因5～10 mL，麻醉阴茎背侧神经；盖上创布后，在距包皮附着部10 cm起至阴茎远端25 cm处，做一阴茎背侧的黏膜切口，暴露背侧韧带，或剪开包皮附着部近侧的弹力层组织，暴露背侧韧带，若找到裂开处，在除去嵌入的筋膜后，用0号肠线将其闭合，接着沿阴茎背侧在背侧韧带最厚部分做一全长的纵行切开并向两侧翻开，除去背侧韧带与白膜间的筋膜，在背侧韧带切口两侧边缘，各切取1条宽2～3 mm的韧带条（韧带条近侧应保持在韧带上）；切取后，以0号肠线将两侧已取下韧带条的背侧韧带缝合，为了使阴茎背侧韧带最后部分紧贴在阴茎背侧，在缝合中偶尔要缝几针带住阴茎白膜并适当地将背侧韧带移向右侧，目的是通过缝合手段来控制背侧韧带的位置；随后是植入韧带条以求完成永久性固定。将切取的韧带条（以左侧为例）远端穿入大孔缝针内，在韧带条附着部中线的左侧朝阴茎头方向穿过白膜进行缝合，使韧带条平行于阴茎，在白膜上呈一连续的稀疏的植入缝合（缝合间距约 2.5 cm），直抵阴茎头，末端先用一蚁式止血钳将其夹住；同法，将右侧韧带条植入阴茎右侧，接着用 0 号肠线将两韧带末端贯穿缝合固定在白膜上，使其在缝合包皮黏膜后不显突出。最后，用 000 号肠线连续缝合弹力层，0 号肠线缝合黏膜切口；黏膜面撒布抗生素粉，将阴茎复位。术后 3 d，每天用抗生素液冲洗包皮腔 1 次，保持病畜安静，停止配种 1 个月。

（2）筋膜瓣植入术　筋膜瓣植入术是治疗阴茎向下偏斜的常用方法。优点是：①在韧带条植入时，若将血管一起植入，很容易引起阴茎脉管分流，而筋膜瓣植入术无此顾虑。②当阴茎向下偏斜必须外加支持组织时，植入筋膜瓣就是关键性的措施。筋膜与韧带、白膜是同质的，能增强韧带强度和防止背侧韧带滑脱，术后 30 d 三者就会发生融合，约 90 d 即可完成融合。筋膜瓣植入术通常采用新鲜的自体筋膜瓣，也可采用 70% 酒精保存的异体筋膜瓣。

筋膜瓣植入术分两步完成。第一步在股外侧髌骨前上方 10 cm处做一朝向髋结节的长 20 cm 的皮肤切口，在股外侧肌上切取一条 3 cm×12 cm 的深筋膜瓣，除去表面疏松结缔组织后，放入温生理盐水中备用，皮肤切口按常规缝合。第二步是把筋膜瓣植入阴茎上，同韧带条植入法一样，在阴茎背侧黏膜上做切口，暴露和切开阴茎背侧韧带，并将背侧韧带等距离向同侧翻转韧带缘，形成筋膜瓣植入槽，在翻转右侧背侧韧带时，应注意防止损伤韧带深部尿道海绵体通出的静脉，在植入筋膜瓣时也不能盖住此静脉。随后，取筋膜瓣将其一端向韧带近端下填塞（尽量紧接韧带近端以增强其张力），用1号代克松（DEX-ON聚乙交酯纤维）进行4针结节缝合将其缝到白膜上，在筋膜瓣另一端亦做3针结节缝合；背侧韧带与筋膜瓣两侧，亦用1号代克松结节缝合将它们缝合在一起。最后，同韧带条植入术一样，缝合弹力层和阴茎黏膜切口。术后需性休息两个月，方可重新用于配种。

3. S形偏斜 迄今尚无治疗成功的报道。

隐　　睾

新生畜的睾丸不能正常降落至阴囊者称为隐睾。所有家畜均可发生，多见于羊、鹿，牛少见。

动物在出生前、后的一定时间内，睾丸应降至阴囊内。家畜睾丸均在胚胎期降至阴囊，牛在100～105 d胎期，羊在100 d左右胎期。

未正常降落的睾丸位于肾尾至腹股沟环间的任何部位。许多未降睾丸常贴近于腹股沟环内口，且睾丸常与附睾失去联系。偶尔睾丸可异位于腹部沿阴茎的皮下，甚至位于会阴皮下。

羊的隐睾，受常染色体隐性基因控制。因而，羊的隐睾在所有品种中均可见，尤其是在近亲繁殖的体系中，其发生率约为0.5%，其中约90%为一侧（多为右侧）隐睾。

隐睾是雄性动物畸形胎的一种表现。双侧隐睾导致不育。单侧隐睾较常见，其降入阴囊的一侧睾丸能产生正常精子，保持相对正常的生育力。隐睾动物的隐睾及其降落的睾丸通常小而软，滞留的睾丸由于温度原因而丧失产精能力（精子生成完全受阻）。因而，在临床上常见一侧阴囊较大而另一侧较小，精子活力及形态虽正常但密度时高时低。其睾丸间质细胞变化不大，性欲及性行为仍正常，甚至有的性欲反而亢进。

此外，睾丸的足细胞瘤和精细胞瘤与隐睾有一定的相关性。

据报道，108头发病牛足细胞瘤中有58头（占53%）是隐睾牛，68头精细胞瘤中有23头（占33.8%）是隐睾牛。因而有人建议隐睾应予摘除。

有人试图在动物性成熟前用睾酮和促性腺激素诱导未降落睾丸降落，效果很不理想。有人试图用外科手术方法牵引睾丸进入阴囊，亦未成功。

睾 丸 扭 转

睾丸扭转偶尔发生，常呈急性、疼痛性过程。大多数发生在腹腔中，而不是在腹股沟管内。最常见的症状是剧烈腹痛，触摸阴囊仅能摸到一只睾丸或两只睾丸均摸不到。触诊腹部，当触及睾丸相邻的部位或组织时，就出现剧痛，有时可摸到一团块。羊睾丸扭转往往可使睾丸变性并形成精索静脉曲张。

羊可采用腹部X光拍摄，腹腔后部显现团块者，即可做出诊断，有些病例需剖腹探查才能确诊。手术切除睾丸后，症状即得以缓解。

输精管阻塞

输精管阻塞又称精子阻滞症、精液囊肿、精子肉芽肿或肉芽肿性睾丸炎，系由布鲁氏菌、结核杆菌、棒状杆菌、鼻疽杆菌、沙门氏菌，以及羊的疱疹病毒、肠病毒，或霉菌、放线菌、圆线虫等所引起的睾丸输出管阻塞。阻塞也可发生在生精小管及附睾头部。由于精子被阻滞，大量精子进入间质组织而形成颗粒瘤样，久之发生精子变性及玻璃样变。

临床上可在阻塞处摸到膨大的结节状结构，有时附睾头部扩大（偶见于附睾体及尾），同侧睾丸无精子排出，并可发现精子阻滞的钙化灶。进一步发展，可在钙化区形成骨化。

精液检查，在早期阶段可见近端小滴增加，无尾或尾部异常精子数增加，头部异常精子数仍在正常范围内。

本病虽不普遍，但有遗传性，病畜通常要淘汰。本病在德国莎能羊中流行较广泛，发病率为 $20\%\sim25\%$。在澳大利亚的英种阿尔卑斯羊中时有发生，常呈双侧性并表现无精及不育。

睾丸血管性损伤

睾丸血管损伤包括睾丸充血、睾丸动脉炎、睾丸静脉曲张和局部贫血。

1. 睾丸及阴囊充血　可由睾丸扭转、羔羊及犊牛去势、撞伤而引起。随着剧烈的运动，这些动物开始出现跛行，然后由疾跑变成踱步，有的发生"单脚跳"步态样。

2. 睾丸动脉炎　可产生区域性睾丸变性。圆线虫寄生还可使睾丸和鞘膜之间发生粘连。老年羊血管损伤所致发的玻璃样变，最终会引起生精小管变性。牛在睾丸腹侧纤维变性情况下，常可见到脉管损伤，动脉壁变厚，局部常呈楔形结构。

3. 睾丸静脉曲张　可在公羊中见到。仅对精液质量和活力有轻度或中度影响。静脉曲张既影响睾丸的血液循环，也影响精索蔓状丛的热调节。一些严重病例，静脉曲张可达 $7\sim15$ cm，从而引起血流阻滞。由于生精小管和睾丸间质供血不足，公畜性欲低下，生精小管变性而使病理精子数增加（如顶体异常及精子其他异常等）。另外，在较大的静脉曲张中，可以出现扁平状血栓。

4. 睾丸局部贫血　由于血栓或其他血管性损伤，在睾丸上可出现局部贫血，引发睾丸部分萎缩、生精小管变性等一系列变化。

以上 4 种血管性损伤一旦发生，最终常使睾丸的生精机能及性机能减退，康复常需要很长时间，应予淘汰。

睾 丸 变 性

　　睾丸变性，又称睾丸退行性变化。实质是睾丸生精小管中已分化的生殖上皮发生不同程度的坏死，上皮层次减少，直至生精小管完全破坏，最后导致不育。本病可见于所有动物，是雄性动物不育和受精率低下最常见的原因，可发生在一侧或两侧睾丸。

● 病 因

　　1. 热调节影响　凡能引起睾丸温度升高的因素，如隐睾、睾丸异位、提睾肌异常、腹股沟疝；寄生虫病或使用刺激剂引起的阴囊肿胀、阴囊水疱、阴囊皮肤病及局部皮肤感染、疱疹和外伤；阴囊和睾丸的挫伤和出血；某些传染病的持续高温或长期处在高温，尤其高温高湿环境下等，均可发生睾丸变性。阴囊直接受热也是发病原因之一。连续1周每天8 h热应激的公牛，精液受损的高峰在应激后2～3周，9周后才能开始康复。山羊若持续在32℃以上的环境中，精液质量会明显下降，活力降低10%，而且在数周内会出现高达70%的有病精子，在恢复正常温度2～3个月后，仍不能完全康复。在夏季，若应用已剪毛的公羊（尤其阴囊部剪毛的）配种，可显著提高怀孕率和胚胎存活率。

　　高温对牛起初只影响精母细胞而不影响精原细胞，也不影响间质细胞（因而不影响性欲）。用塑料袋隔离阴囊10～20 h可引起皮温升至3～5℃以上，在3～9周内对精子质量有一定的影响，13周后才能恢复正常。雄性动物躺倒时间过长（如牛的痉挛综合征）或不能起立，往往会提高睾丸温度而发生睾丸变性及萎缩。牛的阴囊温度升至38.4℃或仅低于体温0.3℃，精子活力及活率在第2周即可减至0，至11周时才能在精液中见到活精子，18周后才能恢复正常。应用刺激剂刺激阴囊，会出现大量不成熟的精子（近端小滴），畸形精子增加。笔者曾进行过试验，发泡刺激剂使用后 15 d，精子数明显下降，30～70 d 内不成熟精子数达高峰，最早恢复时间要在 100 d 左右。

低温对睾丸同样有不良影响，可引起阴囊霜害、皮肤坏死、阴囊水肿、发热、睾丸变性和粘连。明尼苏达州曾报道过阴囊霜害对受精率的影响。

2. 血管性损伤 睾丸充血、睾丸动脉管炎、睾丸静脉曲张、脉管扭转、睾丸局部贫血等均可引起睾丸变性。

3. 有害辐射 精细胞（尤其是精母细胞）对辐射敏感，而足细胞和间质细胞敏感性不强。辐射量及辐射作用时间对受害程度和康复率影响较大。

4. 激素 脑垂体前叶和下丘脑肿瘤引起的睾丸变性和萎缩常见于犬，其他家畜少见。本病被称为"脑性肥胖生殖无能综合征"；由于足细胞瘤产生的过多雌激素和间质细胞瘤产生的睾酮，可分别抑制 FSH 和 LH 的产生而引起睾丸变性。

5. 年龄 雄性动物随年龄增长而受精率衰退早有报道，对 150 头人工授精牛的观察表明，受精率每年按 0.31％～0.351％ 的速度下降。7～13 岁公牛，精细胞数较 2～6 岁青年牛分别低 70 亿～100 亿个；8～10 岁之后，牛很容易发生睾丸变性；15 岁以上的牛几乎不能产生良好精液。

6. 应激损伤 可迅速引起公畜的进行性睾丸变性，降低受精率和精液质量。应激因素包括过热或过冷情况下的车船运输、过劳，牛创伤性网胃炎，肝、腹部脓肿，角斗，严重关节炎，羊蝇蛆病，中度以上腐蹄病，牛化脓性关节炎和严重腐蹄，羊、马等其他动物的蹄叶炎、阴囊及睾丸的蹴踢伤等。

7. 限局性或全身性感染 凡能引起睾丸炎、附睾炎或伴发高热的感染性疾病，对睾丸均有一定的有害作用。

8. 营养 营养低下、饥饿、虚弱、衰竭、严重的寄生虫病、齿病、慢性关节炎、肿瘤等疾病，以及因管理不良引起体重明显减轻的动物，会发生阳痿及睾丸变性萎缩。维生素 A 缺乏症通常也可引起睾丸变性及精液质量低下。锌缺乏也与睾丸变性有关。

9. 毒素与中毒　摄取含氯化萘的植物，牛会发生睾丸发育不良，羊会发生睾丸表皮角化症。有毒植物疯草可引起羊的睾丸变性。绵羊阴囊砷溶液浸渍，会引起生精小管变性。过量中毒会降低精子质量持续 6～12 个月。各种金属元素（如铁、钼、铊、铅、镉）、甲烷、磺酸、卤化物、酒精和放线菌素 D、白消安、异丙基甲基磺酸盐、硝基呋喃、甲氧氯、两性霉素 B、灰黄霉素、氯丙嗪等，均可引起睾丸变性。

10. 自体免疫　某些睾丸发育不良病例是由于自体免疫造成的。国内有人研究去势多肽抑制动物生殖机能已获得成功。

● 症　状

病初，睾丸质地较软，随着病程的进展，睾丸萎缩，体积变小，最后成为一个小而硬的性腺。睾丸变性部位始于睾丸输出管与附睾头时，因来自睾丸的压力增高而出现睾丸水肿。若发生在性成熟的成年牛，则睾丸高度肿大，附睾头炎症严重。

剖检时，睾丸切面并不凸出，发生在附睾头附近输出管的变性病例，切面颜色苍白，水肿液存在于间质组织中，睾丸淋巴管扩张。发生在成年公牛的变性病例，睾丸腹部常形成一个楔形纤维性硬化变性区。某些病例还能出现某些栓塞区域和形成脉管导管。

● 诊　断

不严重的病例，仅依靠触诊睾丸进行诊断是困难的，必须结合配种记录、临床检查和多次精液检查进行诊断。精液检查包括精子计数，形态学检查，观察 1 000 个以上精子的头、颈、尾的异常数。巨细胞出现可作为变性生殖上皮生精障碍的重要指征。

在诊断中，必须避免将精子数量少、质量差的青年公畜误认为是性成熟晚或不完全成熟（这种情况常见于猪）。依据病情程度，公牛睾丸变性常分为三度。

第一度：受精率明显降低，性器官无临床表现，精子数通常正常而且大多数活力较好，但病态精子数明显多于正常数量。组织学检查在精细胞层、偶尔在精母细胞层出现变性变化，异常精子主要是精子头部异常。

第二度：受精率明显降低甚至不育，临床检查和生殖器官检查均正常。精子数有时减少，精子活力降低。突出的变化是精母细胞层水肿。

第三度：不育。通常睾丸较小。精子数下降，为 $3 \times 10^5 \sim 4 \times 10^5$ 个/mL 或更少。精子活力低下。病态精子数高达 $35\% \sim 40\%$，近端小滴精子数非常高。生精上皮变性使精细胞层、精原细胞层乃至整个生精小管完全破坏，进而出现早期纤维化。

○防 治

尚无有效的治疗方法。提供全价平衡日粮并给予适当运动，避免各种内外有害因子，是唯一有效的防治方法。对于可疑患睾丸变性的公畜（如公牛），其精液所输母牛 60～90 d 的不返情率（即所谓表观受孕率）下降接近 10% 时，应即淘汰。

睾 丸 炎

○病 因

多由于细菌（如布鲁氏菌）、放线菌、圆线虫等传染或侵袭所致，亦可由外伤、出血等机械因素而引起。致病因子可由血行或由附性腺、输精管、附睾蔓延而来，亦可继发于周围的炎症（如鞘膜炎）。在布鲁氏菌病流行地区，布鲁氏菌感染可能是最主要原因。

● 症　状

睾丸肿胀、发热、敏感。急性睾丸周围炎时，由于高度肿胀及发炎，常很难确定是一侧还是两侧睾丸发炎。睾丸炎和附睾炎时，常有特征性黄色坏死病灶。睾丸炎继续发展可以形成脓疡或慢性纤维素性炎，偶尔自愈，留下干性坏死区。精子阻滞症亦是睾丸炎发展的一种必然结果，相反，即使在没有病原微生物的条件下，精子阻滞也可发展成为颗粒性睾丸炎。睾丸扭转引起的睾丸炎，通常表现急性、疼痛症状。此外，患睾丸炎的动物，精子的生成明显下降，甚至完全不生精，精液中异常精子数增加，尾部畸形率增高（常可高达40%）。急性睾丸炎时，可见头部畸形精子增多。温和型和慢性睾丸炎时，头部畸形精子并不多见。

● 治　疗

一侧睾丸受损，应立即摘除，以免波及另一侧睾丸；初期应采用冷疗，以遏制炎症发展；在阴囊后上方精索周围，施行封闭疗法；全身使用抗生素和磺胺药，减少患畜运动及局部刺激（如停止放牧），查明和消除原发病。

精　囊　腺　炎

精囊腺炎是精囊腺最常见的一种疾病，以牛多发，羊很少见，呈散发性。

● 病　因

牛的精囊腺炎，较多见于青年公牛，主要原因是感染，在初情期前后精囊腺尤其易受到感染。最常见的细菌是布鲁氏菌、化脓性棒状杆菌，其次是链球菌、假单孢菌、大肠杆菌、奇异变形杆菌、副结核分枝杆菌和拟放线杆菌，阴道宫颈炎病毒、类肠道病毒、乳多孔样病毒、牛支原体和牛生殖道支原体也可引起牛的精囊腺炎。此外，精囊腺炎也可继发于其他生殖器官疾病，如睾丸炎、附睾炎、精索炎和前列腺炎等。本病主要经泌尿生殖道上行感染；经血流或其他体液途径引起的，可形成精囊腺炎综合征。

○ 症状与诊断

牛的精囊腺分叶明显，两侧腺体不完全对称，成年公牛约为 12 cm×5 cm×8 cm，位于膀胱背侧和输精管壶腹外侧。精囊腺炎常见两种类型：慢性间质性炎症和病理变性炎症。

1. 间质性炎症 常由布鲁氏菌和化脓性棒状杆菌引起，多为单侧性感染，感染侧肿大，外形粗糙，弹性增加，可继发或伴发局限性腹膜炎，常与周围组织（输精管壶腹和直肠等）发生粘连。急性经过时，体温升高，食欲废绝，瘤胃蠕动减弱，腹肌紧张，拱腰，排粪带痛，不愿行动，配种时神态萎靡或缺乏性欲。慢性经过时，通常无明显临床症状，但往往继发周围泌尿生殖器官的细菌性炎症。精液中含有脓性絮片，镜检有多量淋巴细胞和精囊腺上皮细胞，精子活力低下。

2. 病理变性炎症 与支原体或病毒感染有关，也可能是自身免疫性的，常为双侧性感染。精囊腺大多不肿大，也不太粗糙，弹性增加，直检时也许能感到分叶结构，一般不发生腹膜炎及粘连。常在急性期后症状减退而自愈。精液镜检有淋巴细胞、精囊腺上皮和染色小体，精子活力下降。精囊腺炎病牛的精液，可使母牛怀孕，但常发生流产（约占 23%）。

可通过直肠检查做出初步诊断，但有的精囊腺并不明显肿大，还必须通过精液检查、病原微生物培养进行综合分析，才能确诊。直检时，急性期可感到腺体肿大，触摸痛感，有时可以摸到腺体与周围组织发生粘连；慢性病例，腺体坚硬、粗大、小叶消失，局部或整个腺体纤维化，痛感不明显。精液检查，在牛，即使是慢性病例，有 50％～80％ 的牛精液中可检出大量炎性细胞（主要是中性粒细胞）和病原微生物，并可持续地或间歇地出现脓性分泌物，pH 升高，精子活力降低。

●治 疗

应使用大剂量广谱敏感抗生素 2 周以上，并配合温和的直肠按摩，以利排除精囊腺内容物，有效者约 1 个月后恢复正常，但很难根除。单侧感染病例，应手术摘除，但术前必须判明无大面积粘连。

前 列 腺 炎

前列腺炎是公犬的一种常见病，牛的亚临床型前列腺炎比较普遍。

●病 因

前列腺炎通常起因于布鲁氏菌、大肠杆菌和变形杆菌等革兰氏阴性菌感染，也可由链球菌感染引起。

●症 状

慢性细菌性前列腺炎，大多数没有明显的临床症状，体温不高，表现正常，仅在清晨首次排尿看到血液或脓汁时才被发现。严重感染时，可经常从阴茎内流出分泌物。前列腺腺体体积肿大或变动不定，对称性亦不定，硬度可有硬实、柔软或波动。镜检精液有炎性渗出物。

急性细菌性前列腺炎，在包皮口常留有血迹。全身症状明显，常表现体温升高，精神沉郁，脉搏频数，食欲废绝，疼痛，拱背，尿频尿少，步态拘谨，不断从阴茎内流出分泌物。触诊前列腺肿大，有剧痛，腹壁紧张，采精时采不到精液。

治 疗

急性细菌性前列腺炎，选用大剂量广谱敏感抗生素进行治疗，并延长一个疗程，临床症状会迅速消失。但停药后数周应复查，以判明是否为致病菌受抑制出现的暂时缓解。

下列药物适用于治疗慢性细菌性前列腺炎。

三甲氧苄氨嘧啶：兼有抗革兰氏阳性菌和革兰氏阴性菌的作用，与磺胺类药物合用，可提高抗菌效力数倍至数十倍。与磺胺嘧啶合用，可提高前列腺液内三甲氧苄氨嘧啶的抗菌作用。

红霉素：与碳酸氢钠配伍，治疗慢性细菌性前列腺炎。

前列腺鳞状细胞化生

前列腺鳞状细胞化生是雌激素生成过多造成的，常继发于睾丸足细胞瘤，亦可为医源性诱发（长期或大剂量应用雌激素或己烯雌酚）。大剂量使用雌激素还可伴发贫血和尿道球腺囊肿。

症 状

鳞状细胞化生与前列腺增生的症状相似。不同点在于往往有雌激素过多所引起的全身雌性化症状。活组织检查可确认鳞状细胞化生。

治 疗

治疗要点是除去过多的雌激素源，最好施行去势术。

尿道球腺上皮鳞状化生

　　尿道球腺上皮鳞状化生，也是雌激素过度刺激的结果。在盛产三叶草的牧场上放牧或给予外源性动情素，可见到明显的尿道球腺上皮鳞状化生和囊肿性扩大，囊肿直径有时可达 10～12cm，会阴部明显突出。这样的动物常难治愈。

精 子 异 常

　　精子正常与否，决定于睾丸、附睾、输精管、附性腺的状态；通过对精液的检查，尤其是精子形态的检查和分析，有助于诊断雄性生殖器官疾病。

　　牛在 4～6 月龄时，睾丸生精小管中就出现初级精母细胞，6～7 月龄出现精细胞，7～9 月龄出现精子，精囊腺在 5～6 月龄开始分泌，8 月龄阴茎就可从包皮口伸出，完全伸出约需 1 个月。10 月龄时达性成熟。4～8 月龄时为睾丸明显增大期。初情期后 6～9 个月，精液量、活精子、精子浓度达高峰期。初情期后 4 个月内，有正常顶体的精子数已近正常水平，9～12 个月时，精子近端小滴数明显降低。羊的精子发生及精液质量、性欲等似乎也有一些季节性影响。

　　精子数量与睾丸的重量、直径、质地和阴茎周径有关。而影响睾丸大小的因素还包括体重、季节、遗传性和睾丸疾病。

　　精子由精原细胞生成，经一系列形态学变化，即初级精母细胞、次级精母细胞、精细胞而成精子。精原细胞的发生和启动受垂体前叶分泌的 FSH 作用，而精子的生成又离不开垂体前叶分泌的 LH。由于下丘脑周期中心在雄性动物出生瞬间受雄激素作用而发生终生封闭，因此精子和雄激素的产生是随意的，亦即雄性动物可以随时产生性欲并排出精子。但是生精小管中精子的发生是有一定波形的，一个精子发生常经历 4 个周期左右（4.68周期波）。每一周期长度，羊为 12.2 d，牛为 13.5 d。

精子疾病与睾丸、附睾、附性腺等生殖器官疾病有关，包括精子头部异常、精子中段异常、精子尾部（尾段）异常、精子头部脱离，以及其他异常。

第五章　乳腺疾病

牛　乳　腺　炎

乳腺炎泛指乳腺组织的各类炎症。各种动物均可罹患，多见于乳牛和奶山羊。

○病　因

乳腺炎的病因非常复杂。病因作用不是单一的，而是各种致病因素（某些病原体与不良的饲养、乳头异常、高产乳量、产后机体与乳房状态、乳房发病的遗传特性等）的联合作用，其中最关键的还是多种非特定病原微生物的感染。

1. 主要致病微生物

（1）革兰氏阳性菌　最为常见，$80\%\sim90\%$的病例为葡萄球菌和链球菌感染。链球菌属中，主要是无乳链球菌，其次是停乳链球菌、乳房链球菌、化脓链球菌、兽疫链球菌。本属菌感染的，多无临床症状或症状不明显，绝大多数呈慢性经过。此外，双球菌、分枝杆菌也可引起乳腺炎。

（2）革兰氏阴性菌　主要是大肠杆菌、克雷伯菌、产气荚膜梭菌。这几种细菌普遍存在于机体被表和周围环境中，侵入乳房的机会颇多，但乳汁中检出率和临床发病率并不高，呈散发性，多为最急型或急性坏疽型。此外，尚有芽孢杆菌、放线菌、李斯特菌、假单胞菌、布鲁氏菌、变形杆菌、巴氏杆菌、产碱杆菌引发的乳腺炎。

（3）支原体　目前已知能导致牛乳腺炎的支原体至少有 12

种，较常分离到的有牛乳腺炎支原体、牛生殖道支原体、牛鼻支原体、精氨支原体。往往以一种支原体为主，另外几种支原体为辅，协同作用使乳房发炎；少数病例则伴有链球菌和葡萄球菌感染。感染后常呈地方性流行，干乳期敏感性较高。

（4）真菌　真菌性乳腺炎主要由念珠菌属、曲霉菌属、隐球菌属、毛孢子菌属及诺卡氏菌属的某些种引起，呈散发性。

（5）病毒　牛乳头炎疱疹病毒、牛痘病毒、口蹄疫病毒等都可起乳腺炎，但大多数为继发感染。

2. 诱因　是否易患乳腺炎同乳牛体质与体型有关，研究表明乳头端形状为内翻形、口袋形、漏斗形的牛，乳腺炎发病率比乳头端为圆形、柱形、半圆形的高。长年挤奶的老牛，乳房组织抗病力减弱，病菌容易侵入。韧带弛缓、乳房下垂的牛易患乳腺炎。乳区（乳叶）发育不匀称的牛，在机器榨乳时易发生乳腺炎。饲养管理不当也会发生乳腺炎。受性激素影响，牛发生乳腺炎多在发情期后 3～9 d，这个时期体内性激素活性较高，可促使葡萄球菌等病原菌增殖发育。泌乳期每周发病率为 1.54%，干乳期每周发病率达 4.14%。

临床表现

1. 浆液性乳腺炎　特征是乳房充血，大量的浆液性渗出物及白细胞进入小叶间组织内。多发于产后头几天，常继发于子宫弛缓、恶露停滞与腐败、化脓性或纤维素性子宫内膜炎。患叶肿胀增大，局部温度升高、坚硬、疼痛，乳房上淋巴结往往也增大。肿胀可能只限于患叶，也可能出现在半个乳房，极少为整个乳房。产乳量下降。当炎症波及腺泡时，乳汁变为稀薄水样，含絮状物。患畜精神不振，食欲减退，体温升高。乳腺内炎症经 7～10 d 消退或转为慢性经过。

2. 卡他性乳腺炎　多见于泌乳初期，特征是乳池及乳管黏膜和腺泡发炎。有腺泡卡他与输乳管及乳池卡他之分。输乳管及乳池卡他多发生在 1 个乳叶，有时波及 2～3 个乳叶。多数无全身症状。患叶无痛、无热，也不增大。发病 3～4 d 后，乳头壁厚而软。输乳管被凝乳块充塞扩大，可触到柔软且有波动感的结节。最初挤出的乳汁稀薄，内含絮片或凝乳块，以后乳汁逐渐变为正常，无眼观变化。病程 7～10 d，有的转为腺泡卡他。腺泡卡他多属小叶性的，破裂的腺泡和扩大的输乳管形成空腔，充满黏液性渗出物。病初无全身变化。若病程拖长，病情加重，则体温升高，食欲减退，正常乳叶泌乳量下降。触诊时，在乳头基部可触到鸽卵大有弹性的结节；深层触诊可膜到坚硬的病灶。患叶乳量急剧下降，乳质变化明显，整个挤奶过程中都可见到絮状片或凝乳块。在乳腺内形成多个结节时，常常导致乳管的闭锁和乳腺萎缩，预后不良。

3. 纤维蛋白性乳腺炎　特点是纤维蛋白渗出到黏膜表面。病畜精神沉郁，食欲减退或废绝，患侧肢跛行，体温高达40～41℃。患叶迅速肿大（2～3 d），皮肤紧张、充血、温热、疼痛，触之坚实。乳池及其基部触诊可听到捻发音。泌乳急剧下降或中止。病初乳质变化不大，经 2～3 d 后，挤奶比较困难，仅能挤出数滴乳清或混杂有纤维素渣的脓性渗出物，有时含血液。

4. 化脓性乳腺炎　包括化脓性卡他性乳腺炎、乳腺脓肿和乳腺蜂窝织炎。

5. 出血性乳腺炎　特征是组织深部（乳房间质）、腺泡及输乳管腔出血。常呈全身感染（如败血病）的一种症状，多发生在产后最初几天。患叶显著浮肿，剧烈疼痛，乳汁水样稀薄并呈淡红或血色，内含絮状物。患畜精神沉郁，食欲减退或废绝，体温高达 41℃，乳房上淋巴结肿大，乳房皮肤上出现紫红色斑点，局温升高。

牛羊繁殖障碍疾病临床手册

◎诊 断

依据病历分析、乳房检查、乳汁实验室检查结果进行诊断。临床检查通常包括视诊、触诊。乳的实验室检查，乳腺炎乳的检出方法很多，主要包括以乳 pH、血色素和氯化物含量、酶和溶菌酶效价、细胞数、细菌数和乳电阻等变化为基础的各项检验。乳检验方法：乳汁检验盘上有 4 个直径 7 cm 高 17 cm 的检验皿。检查时，每个检验皿接纳 1 个乳区的乳样，将检验盘倾斜 60°，倒出多余乳汁，然后向每一个乳样中加等量（2 mL）试剂，随即持平检验盘。旋转摇动。使乳汁与试剂充分混合后，经 10～15 s，按下列标准判定（表 5－1）。

表 5－1　（CMT*）试验判定标准

乳汁反应	反应判定	细胞总数（万个/mL）	中性粒细胞（%）
液状，仍无变化	－	0～2	0～25
有微量沉淀物，不久即消失	±	15～50	30～40
部分形成凝胶状	＋		
全部形成凝胶状，回转搅动时凝块向中央集中，停止搅动则凝块呈凹凸不平状附着于皿底	＋＋	80～500	60～70
全部呈凝胶状，回转搅动时凝块向中央集中，停止搅动则恢复原状，附着于皿底	＋＋＋	500 以上	

酸性　pH2.5 以下，由于乳糖分解，乳汁变黄色
碱性　乳汁呈深黄紫色，接近干乳期，判定为乳腺炎

* CMT：加利福尼亚乳腺炎检测法。

威斯康星乳腺炎试验（WMT）：本试验需用一种特制的试管，在距管底 65 mm 处有一直径 3 mm 可供空气出入的小孔，管盖的中央有一直径为 1.15 mm 的小圆孔。

在试管内加入 2 mL 混匀的被检乳和 2 mL 试剂，加盖，轻缓地反复倒转 10 次，再水平转动，使乳与试剂充分混合。试管静止 20～30 s 后，将试管倒立（盖向下），管内容物自盖中央孔流下，经 15 s 后再将试管正立（盖向上），静置 2～3 min，待管内容物充分回流到试管下部时，以米尺测量试管中残余液的毫米高度（去掉试管底厚度）（表 5 - 2）。

表 5 - 2　WMT 法判定标准

判定	WMT（mm）	细胞总数（万个/mL）
阴性（一）	5	7.5
	10	19.0
可疑（±）	20	57.0
	25	83.0
感染（＋）	30	120.0
	30 以上	150.0

● 治　疗

消除乳腺炎的原因及诱因是取得良好疗效的基础。调整挤奶程序及方法是取得疗效的关键。比如机器榨乳改为手挤乳，每 6～8 h，甚至每 2～4 h 挤 1 次乳；由患叶挤得的乳不得任意洒弃；调整榨奶的顺序，即先挤健康牛，后挤患牛；先挤健康乳叶，后挤患叶；先挤病轻乳叶，后挤病重乳叶等。

1. 经乳头管注药　乳头管通透良好时，经乳头管注药后，药液可在乳房内迅速弥散开，治疗效果较好，方法也简便。乳头内插入磨平的针头（或通奶针）连接注射针筒直接注药。常用的药物有 3％硼酸液、1：（1 000～2 000）雷佛奴耳液、2％鱼石脂液、1％过氧化氢液、20 万～30 万 IU 青霉素溶液、30 万～50 万 U 链霉素溶液、1：5 000 呋喃西林生理盐水、溶有 1～2 g 金霉素的溶液及 2%～3% 碳酸氢钠液等。向乳房内注药时需注意：注药前尽可能地榨尽乳房内残留乳；洗净乳头、乳头管及乳头乳池，控制注入压力及药量，防止上行感染；注药后抖动按摩乳房，使药物充分扩散；药物在乳房内停留一段时间后，要及时榨出来。消毒药物一般停留 20～30 min，抗生素类可停留4～6 h。

2. 抗生素疗法　本法应用广泛，收效迅速而明显。抗生素治疗必须选择敏感有效（注意抗菌谱）而不良反应小的抗菌药，使之在感染部位达到和维持有效浓度，并坚持适当的疗程。据报道，新霉素和青霉素对无乳链球菌的效力为98%，对停乳链球菌为100%，对乳房链球菌为82%。红霉素、新霉素对大肠杆菌性乳腺炎、庆大霉素对绿脓杆菌性乳腺炎有效。

3. 乳头药浴　防治隐性乳腺炎的有效疗法，在奶牛业发达的国家已作为常规方法。挤奶结束后，乳头管括约肌尚未收缩，病原体最易侵入乳房。乳头浴（用药液浸泡乳头）可以杀灭乳头端及乳头管内的病原菌。浸泡乳头的药液，要求杀菌力强，刺激性小，性能稳定，价廉易得。常用的药物有洗必泰（氯己定）、次氯酸钠、新洁尔灭等，以 0.3%～0.5% 洗必泰溶液的效果最好。乳头（药）浴需在每次挤完奶之后施行，长期坚持方见效果。但在北方寒冷干燥的冬季不宜乳头浴，以防乳头皲裂和冻伤。

4. 物理疗法　如乳房按摩、温热疗法、红外线和紫外线疗法、石蜡疗法等。

● 预 防

除日常的饲养管理外，正确停乳是预防乳腺炎的重要措施之一。无论是一次停乳还是逐渐停乳，都要加强对停乳牛乳房的临床观察。

羊 乳 腺 炎

● 病　因

本病大多由葡萄球菌、链球菌、巴氏杆菌经乳源侵害乳腺所致。乳房外伤感染也是本病发生的主要原因。

● 症　状

1. 浆液性乳腺炎　仅有急性型。患羊精神沉郁，体温高达41.5℃，呼吸与脉搏增数，食欲不佳，离群，患侧肢跛行。触诊患叶增大，不均匀坚硬、有热、痛，乳房上淋巴结肿大，拒绝哺乳。

2. 卡他性乳腺炎　体温高达41.5℃，呼吸、脉搏加快，患叶增大、坚硬，乳头浮肿，患侧淋巴结肿大，乳池常充满乳汁。乳汁呈淡青色或黄色水样，含絮片或乳凝块。

3. 脓性卡他性乳腺炎　患羊拒饲，停止反刍，体温达41～41.7℃，步态僵拘，拒绝哺乳。喜卧，站立时头低垂，后肢开张。患病乳区增大2～3倍，疼痛明显，乳房上淋巴结肿大。乳汁呈酸乳酪样，黄白色（有时含血而呈红色），含黏液脓性分泌物，有腐败气味。

4. 出血性乳腺炎　病程短急，常伴发乳腺坏疽而转归死亡。患羊拱背垂头，食欲下降；患叶浮肿，皮肤紧张，有热痛，局部潮红；乳汁带红色，内含絮片或乳凝块，患叶增大2～4倍，后肢叉立，运步拘谨、跛行，体温达41～42℃，丧失食欲，停止反刍。

乳腺坏疽一旦发生，则患叶表面厥冷，无痛，呈面团样，患部皮肤浮肿、呈蓝紫或暗蓝色，患叶榨出的液体呈暗红色，含絮状物，带腐臭。

● **防 治**

早期治疗效果明显，可恢复泌乳功能。卡他性或浆液性乳腺炎无并发病的，疗效也很好；脓性卡他性或出血性乳腺炎，疗效不佳。具体办法参照牛的乳腺炎。

乳　溢

乳溢是乳头括约肌萎缩、弛缓、麻痹，以及乳头管新生物与瘢痕性增生的一种症状。有些牛呈周期性乳溢，通常与发情、环境温度有关。延迟榨乳，尤其归牧时，乳汁呈滴状或线状自行排出；有的于榨乳前擦拭或按摩乳房时便开始淌乳。挤乳时，乳流粗大，乳排出无阻。起因于乳头括约肌弛缓的，预后良好；乳头括约肌麻痹、瘢痕及新生物造成的，则预后可疑。对乳头括约肌弛缓，应以拇指、食指及中指捏住乳头顶端，滚转乳头顶端加以按摩，每次榨乳按摩 10～15 min，效果较好。亦可用火棉胶帽法，即每次榨乳后仔细榨干乳头尖端，浸于火棉胶中 1 s，使之形成胶帽防止漏乳，并有促进乳头括约肌紧缩的作用。还可采用串线法：用 5% 碘酊浸过的缝合线在乳头管周围皮下做数针袋口式缝合，轻轻勒紧缝线（在乳头管中插一导管或探针）打结，9～10 d 后拆线。缝合线产生的机械刺激能促进肌肉神经组织的再生，提高括约肌的紧张力，缝合处的轻度瘢痕化也可使乳头管腔缩小。这种办法可能会造成榨乳困难，要注意及时调整。通常，以 1～2 针结节缝合，将乳头管周围的 1/4 缝合，即已足够。对乳头括约肌异常的顽症，乳头必须扎上橡皮圈，但不要勒得过紧，以免发生坏死。乳头管内有瘢痕组织及新生物时，需行手术疗法。

乳 池 瘘 管

乳池瘘管主要起因于乳腺脓肿和带有乳池壁坏死的损伤。瘘管的开口通常如大头针大小，瘘管壁由瘢痕组织构成。若乳房功能尚健全，有治疗必要，可选用下列术式。

1. 正方形切除法　对瘘管的溃疡及其周围瘢痕组织做正方形切除，然后缝合创口黏膜边缘，将皮肤切口横缘稍稍延长，并剥离皮下组织，将剥离的皮片拉向对侧创缘，盖住切口，进行缝合。

2. 三角形切除法　对瘘管的溃疡及其周围瘢痕组织做正三角形切口切除，然后缝合黏膜创缘，将皮肤三角形底边切口延长，剥离皮下组织，拉长皮片盖住切口，进行缝合。

3. 半圆形切除法　按半圆形切口切除瘘管，缝合黏膜创缘后，剥离另侧半圆形皮肤，将皮片拉到剥侧创缘上，进行缝合。

4. 菱形切除法　按菱形切口摘除瘘管，然后缝合黏膜，整形缝合皮肤。

手术成功的关键不在于切口的形状，而在于保证创口不被乳汁浸润与分离。因此，治疗过程中需放导乳管或软质导管在乳头内，并用某种方法使导管固定住，不致掉落。使用导管时应尽量减少对乳池黏膜的刺激并避免感染。

乳头皮肤皲裂

乳头皮肤皲裂是小的溃疡与外伤。乳头皮肤上出现纵横和长短不一（1～10 mm）的外伤。榨乳时，患牛骚动不安（疼痛），出现不同程度的放乳抑制，造成乳量下降。

乳头皮肤表层丧失弹力，尤其维生素 B_2 缺乏是发生皲裂的基本原因。乳房不洁，乳头湿又遭风吹，或天气炎热，乳头皮肤

（缺皮脂腺）变得干燥，弹性减退，可促使皲裂发生。放牧季节，由于乳房护理不好，不正确榨乳，洗乳房后没擦干，乳头未擦油膏，可造成群发性乳头皲裂。皲裂的皮肤如受到污染，可形成化脓病灶，甚至引起乳腺炎。

对乳头出现的皲裂，榨乳前要用温水清洗乳头，榨乳后乳头上要涂擦灭菌的中性油、白凡士林油、青霉素软膏、氧化锌软膏或金霉素软膏等柔肤消炎药物。疼痛不安的，可在乳头上擦可卡因或普鲁卡因软膏；乳头上有外伤的，按外科原则加以处置。

乳头管狭窄与闭锁

病 因

乳头管狭窄与闭锁分先天性和后天性两种，先天性者少见，可能与遗传有关，常见的原因包括乳头管括约肌肥厚、变性及创伤后瘢痕收缩。

症 状

乳头管狭窄时，榨乳困难，乳流纤细；乳头管口狭窄时，乳汁射向一方，或射向四方。乳头管闭锁的，乳池内充满乳汁，但榨不出乳。触诊可发现乳头括约肌粗大，或乳头尖端上有瘢痕，或乳头管口闭锁。

治 疗

1. 乳头管括约肌肥大　可用乳头管扩张器治疗，常用扩张塞。扩张塞，有的是吸水性良好的木制品，有的是用金属、玻璃、电木制造。乳头及扩张塞均需要清洗、消毒并涂抹抗生素软膏。插入扩张塞时，由小号细塞开始，依次更换大一号的塞，每次放置2～3 min，至放置倒数第2个塞时，要留置5 min，最后

1 个塞要放置20～30 min（不得超过时间！）。3～5 d后重复施术。轻度乳头管狭窄，在榨乳前装上涂有灭菌软膏的导乳管，留置20～30 min，然后抽出导管，榨乳。通常一次收效。若有必要，每隔3～5 d插管1次，直到乳头管通畅。

2. 乳头管闭锁　只能手术治疗。乳头管口被皮肤封闭的，应先握住乳头，使乳头管口处的皮肤凸隆，用烧红的细铁丝或织针加以烧灼或者用小镊子挟住突出的皮肤，剪掉其尖端。为防止切口愈合，要时常少量榨乳，并且留置涂了消炎软膏的导乳管或木签（固定好！）。对先天性无乳头管或炎症后遗的闭锁，可试用细小套管针做人工孔道，但效果不好，往往重新闭锁或者形成瘘管。

乳池狭窄与闭锁

●病　因

通常由乳池黏膜的限局性慢性炎症所造成。还见于乳池内存在乳头状瘤等占位病变或因乳池黏膜破裂形成瘢痕和肉芽肿时。

●症　状

整个（乳头）乳池狭窄时，其壁变厚，其腔缩小，乳头变硬，乳池中无乳。局部狭窄时，患叶常常充满乳汁，也容易榨出，但乳池再度充满十分缓慢。触诊乳池壁有环形、不能移动的增厚部分，导乳管插入受阻。有时可触到肿瘤或瘢痕组织硬块。乳池完全闭锁时，乳房中充满乳汁，而乳池却空虚无乳。

●治　疗

局限性乳池狭窄和闭锁，可施行手术疗法：用冠状刀、乳头刀、半圆形铲等器械切掉肉芽肿、瘢痕及肿瘤，或者用导乳管、细小套管针、小锐匙刮削；术前要麻醉乳池黏膜，器械和乳头要严格消毒；术后要榨净血液、组织碎片，注意止血，插放导乳管或塑料管（5～6 d 内），并注入抗菌消炎药物。

乳　滞

乳滞，即榨乳时乳滞留不下或乳量骤然下降。多见于乳牛和山羊，黄牛、牦牛、犏牛、骆驼也有发生。

● 病　因

常见于哺乳犊、羔，突然分离的牛和羊。更换挤乳员、改变挤乳环境、乳畜受到虐待、性兴奋期、舍内异常音响、患乳头或乳房疾病，性器官疾病，以及各种应激作用，也可造成乳滞。通常认为乳滞现象的实质是神经系统兴奋性改变，使排乳系统的肌细胞发生持续性收缩（失弛缓）。

● 症　状

乳房内乳汁充满或过度充盈而乳池空虚无乳，以致产乳量暂时急剧下降。本病的特点是不发生乳汁停滞而乳腺及其他器官并无异常。

● 治　疗

挤乳过程中发现乳滞，应在乳房（补充）按摩后，继续挤奶，多数效果良好。向阴道内打入空气或按摩生殖器，也可以收到良好的效果。顽固病例，可用镇静剂。

对黄牛的乳滞，可令母仔接近，让仔畜吮乳少许，随后挤奶。若不收效，可采取手挤一侧乳房，同时让仔畜吸吮另一侧乳房的方法。

血　乳

血乳系乳房血管充血，血管壁强力扩张，血液流入腺泡及乳管道所引起。检查初乳或常乳含血液或血块，使乳汁变为淡黄色或红色，味微咸，煮沸时凝固。患畜全身状况良好，无乳腺炎症状。一般经过 2～4 d，预后良好。有的拖延到 30 d 或更久。要使患畜安静，禁止频繁榨乳及按摩乳房，严格在规定时间榨出乳房乳。可在前肢及胸部涂刺激性（诱导性）擦剂，限制饮水。顽固性病例可向乳房内注入滤过的空气，以增加乳房内压力，制止出血。

第六章　幼畜疾病

幼畜疾病轻则妨碍生长发育，重则导致死亡。幸存的，成年后的生产性能和繁殖能力也会受到严重影响。幼畜机体的生长发育有自身的规律性，在不同年龄阶段，有各自的形态结构和生理特点。主要表现为：

（1）新陈代谢旺盛，生长发育快速，对营养的质量需求都比较严格，对营养不全的反应极为敏感。

（2）大脑皮层对组织器官的神经调节不够完善，对外界环境的反应力和适应性较差。

（3）先天免疫力不足。吸吮初乳后才获得母源抗体，对各种感染的抵抗力低下。

幼畜抵抗力，主要取决于机体生理机能的完善程度和饲养管理状况。动物机体的反应性是在胚胎早期形成的。出生后的反应水平，则取决于遗传的、饲养的、管理的等诸多因素。幼畜出生后第1个月反应性低下，其防御-适应能力也低下，原因在于免疫、神经和内分泌等系统的结构和机能尚未发育完善。保证幼畜出生后及时吸吮初乳，并给予良好的饲养和护理，是幼畜机体尽早获得高度抵抗力的关键。

幼畜胎儿阶段的发育过程与母体状况密切相关。胎内发育必需条件的缺乏，是先天性营养不良的基础。因而幼畜疾病的预防，应从饲养管理方面着手，注重为母畜和幼畜提供最合理的营养及最适宜的生活环境。

幼畜机体对疾病的反应性有其特点。如幼畜只患小叶性肺炎，不像成年畜罹患格鲁布（大叶性）性肺炎；又如钙、磷代谢障碍时幼畜发生佝偻病而不罹患骨软症。幼畜吸收能力较强，但屏障功能很弱，病程进展迅速，极易全身蔓延。因而当发现幼畜疾病的最初症状时，即应采取有效的防治措施，控制疾病发展。这就需要建立经常性的畜群监测制度，尽早发现病畜。

幼畜病尤其必须贯彻"预防为主，防重于治"的原则，采取与幼畜机体生理特点相适应的防治措施，着力于调动机体的防卫机能，增强机体抵抗力，确保幼畜健康。

新生仔畜窒息

新生仔畜窒息，又称为新生仔畜假死，即刚产出的仔畜呼吸不畅或无呼吸动作，仅有心跳。各种动物均可发生，常见于马和猪。

病　因

起因于气体代谢不足或胎盘血液循环障碍。主要见于分娩时间拖延或胎儿产出受阻，胎盘水肿，早期破水，胎盘早期剥离，胎囊破裂过晚，胎儿骨盆前置，产出时脐带受到压迫，阵缩过强或胎儿脐带缠绕等情况，由于胎儿严重缺氧，二氧化碳急剧蓄积，刺激胎儿过早地呼吸，以致吸入羊水而发生窒息。分娩前母畜患有某种热性疾病或全身性疾病，同样会使胎儿缺氧而发生窒息。早产胎儿尤为多见。

症　状

按病征分为两型：青色窒息和苍白窒息。

1. 青色窒息　是轻症型，新生仔畜肌肉松弛，可视黏膜发绀，口腔和鼻腔充满黏液，舌脱出于口角外。呼吸不均匀，有时张口呼吸，呈喘气状。心跳加快，脉搏细弱，肺部有湿性啰音，喉及气管部尤为明显。

2. 苍白窒息　是重症型，新生仔畜全身松软，反射消失，呼吸停止，仅有微弱心跳，卧地不动，呈假死状态。脐带血管出血。

●治 疗

首先用布擦净鼻孔及口腔内的羊水。为诱发呼吸反射，可刺激鼻腔黏膜，或用浸有氨水的棉团放在鼻孔旁，或往仔畜身上泼冷水等。如仍无呼吸，则将仔畜后肢提起并抖动，有节律地轻压胸腹部，以诱发呼吸，并促使呼吸道内的黏液排出。

犊牛还可用细胶管吸出鼻腔及气管内的黏液及羊水，进行人工呼吸或输氧，应用刺激呼吸中枢的药物，如山梗菜碱（犊牛皮下或肌内注射 $5\sim10$ mL），尼可刹米（25％溶液 1.5 mL 皮下或肌内注射）。窒息缓解后，为纠正酸中毒，可静脉注射 5％碳酸氢钠液 $50\sim100$ mL；为预防继发呼吸道感染，可肌内注射抗生素。

胎 粪 停 滞

胎粪是胎儿胃肠道分泌的黏液、脱落上皮细胞、胆汁及吞咽的羊水，经消化后的残余废物，积聚在肠道内形成的。通常在出生后数小时内排出。

出生后 24 h 内胎粪仍未排出，或吮乳后新形成的粪便黏稠而排出困难的，称胎粪停滞或新生仔畜便秘。常见于犊牛、羔羊及其他仔畜。

●病 因

初乳含较高的乳及较多的镁盐、钠盐、钾盐，具有轻泻作用。母畜营养不良导致初乳分泌不足、母性不强、乳房结构不良或仔畜孱弱而不能吮吸初乳时，常致发本病。

● 症　状

仔畜出生后 24 h 内不排胎粪，精神不振，吮乳次数减少，
肠音减弱，表现拱背、摇尾、努责、踢腹、卧地、回顾腹部等腹
痛不安症状。有的腹痛剧烈，前肢抱头滚动，羔羊有时大声鸣
叫。常继发肠臌气。可视黏膜潮红黄染，口腔干燥，呼吸及心跳
加快，肠音消失，后期全身衰竭，卧地不起，陷于自体中毒状
态。便秘部多在小结肠及直肠。可在直肠内触摸到硬固的粪块，
羔羊停滞的胎粪则为黏稠或硬性黄褐色粪块。

● 治　疗

温肥皂水深部灌肠，或给予轻泻剂，口服液状石蜡 100～
250mL（羔羊 5～15mL）或硫酸钠 50g，同时灌服酚酞 0.1～
0.2g，效果良好。骨盆入口处有较大粪块阻塞而无法灌肠时，
可用细铁丝弯成圈套或做成钝钩将结粪拉出。操作切忌粗暴，以
免损坏直肠。

新生仔畜孱弱

新生仔畜孱弱，是指仔畜衰弱无力，生活力低下，先天发育
不良。

● 病　因

主要起因于妊娠期蛋白质、维生素（尤其维生素 A、维生素
E、B 族维生素）、矿物质（主要是铁、钙、镁、磷）和微量元
素（硒、锌、碘、锰）等营养物质缺乏，还见于母畜患妊娠毒血
症、产前截瘫、慢性胃肠病、布鲁氏菌病及沙门氏菌病等传染病
或者早产、近亲繁殖或生双胎时。

● **症　状**

仔畜出生时体质衰弱无力，肌肉松弛，卧地不起，心跳快而弱，呼吸浅表，对外界刺激反应迟钝，体温低下，耳、鼻、唇及四肢末梢冷凉，吮乳反射很弱或缺如。

● **治　疗**

注意保温和人工哺乳，补给维生素及钙盐，采用强心、补液等对症疗法。

脐　　炎

脐炎是新生仔畜脐血管及周围组织的炎症，可发生于各种仔畜，常见于驹和犊牛。主要病因是接产时脐带消毒不严。临床症状包括：脐孔周围温热、充血、肿胀、疼痛。脐带残段脱落后形成瘘管，可挤出少量黏稠的脓汁，脐孔处皮下可摸到笔杆或小手指粗的硬索状物。脐坏疽时，脐带残段呈污红色，有恶臭味，脐孔处肉芽赘生，形成溃疡面，附有脓性渗出物。有的继发脓毒败血症或破伤风。

治疗要点是局部按化脓创进行外科处置，必要时施行磺胺、抗生素等全身疗法。

脐　出　血

脐出血是新生仔畜脐带断端或脐孔出血。常发生于羔羊、犊牛，偶见于仔猪及幼驹。脐静脉出血呈点滴流出，脐动脉出血从脐带或脐部涌出。脐带断端出血时，可用浸过 25％碘酊的细绳，紧贴脐孔结扎。脐带残端过短而无法结扎时，可用消毒的大头针穿过脐孔部皮肤，再用缝线缠紧。也可缝合脐孔，止血效果更加确实。

持久脐尿管

持久脐尿管，即脐尿管瘘，是胚胎期脐尿管续存未闭，新生仔畜从脐带断端或脐孔经常流尿或滴尿的一种疾病。主要发生于驹，有时也见于犊牛。

○病　因

妊娠期间胎儿膀胱借脐尿管通过脐带与体外尿囊相通。出生后，如果脐尿管未能退化闭合或闭合不全，则排尿时尿液即从脐尿管断端外流。新生驹多发持久脐尿管，主要因为脐血管与脐孔周围组织联系紧密，断脐后脐血管并不缩回脐孔内，以致闭合不全。有时因脐带断端发生感染，闭合处受到破坏，或者脐带残段被舔坏。

○症　状

有的脐带断离后即显症。多数病例在脐带残段脱落之后才能被发现。排尿时，从脐孔中滴尿或流尿。脐孔周围经常受尿液浸润发炎，肉芽组织增生，形成溃疡，长期不能愈合。

○治　疗

有脐带残端的，可用5％碘酊充分浸泡，然后紧靠脐孔处加以结扎。从脐孔流尿液的，可每天用碘酊或5％～10％福尔马林液涂抹2～3次，或用硝酸银腐蚀，数天后即可闭合。

最有效的方法是实施脐孔脐尿管集束或袋口缝合结扎。

尿　潴　留

新生仔畜因排尿障碍而使膀胱充满潴留尿液，称作尿潴留。

主要见于羔羊及幼驹，其他仔畜较少发生。

病 因

腹痛和寒冷刺激引起的膀胱括约肌痉挛，是尿潴留的常见原因。直肠内秘结胎粪对膀胱颈口的机械性压迫，也可造成排尿障碍而发生尿潴留。此外，还见于膀胱平滑肌麻痹时。

症 状

仔畜频频做排尿姿势，但无尿液排出，并表现不安，有时卧地滚转。插入导尿管，常于膀胱颈口部受阻。

治 疗

应先消除病因，针对原发病进行治疗。选用水合氯醛溶液或少量温水灌肠，对于膀胱括约肌痉挛所引起的尿潴留有较好的疗效。为排出尿液，防止膀胱破裂，可通过医用导尿管注入少量温水，缓解膀胱括约肌痉挛后再行插入。为防止尿路感染，可应用尿路消毒剂，静脉注射 40% 乌洛托品液 5～10 mL，效果良好。

膀 胱 破 裂

新生仔畜膀胱破裂，分先天性和获得性两种，以获得性膀胱破裂居多。主要发生于 1～4 日龄的新生仔畜。

病 因

通常继发于尿潴留。分娩时胎儿膀胱膨满，可在通过产道时受挤压而发生破裂。偶尔因使用金属导尿管不慎造成。

症 状

连续数日不见排尿。病畜精神逐渐沉郁，食欲减退，心跳及呼吸加快，经常卧地。腹围明显增大，肷窝变平，腹部下沉。腹部叩诊呈水平浊音，触诊腹壁有波动感。腹腔穿刺，有多量淡黄色液体流出。公牛犊由于鞘膜腔同时积尿，阴囊也胀大。病程较久时，可出现腹膜炎和尿毒症。本病可通过导尿管向膀胱内注入染料液体，腹腔液即显现染料色泽进行诊断。

○治 疗

应立即进行剖腹术和膀胱裂口缝合术，疗效确实。

幼畜营养不良

幼畜生长发育迟缓，体重低下，皮肤粗糙，被毛蓬乱，精神迟钝，衰弱乏力，统称幼畜营养不良。各种动物均有发生，羔羊多发，犊牛较少见。

○病 因

1. 先天性营养不良 妊娠母畜饲喂不良，使机体营养供给与消耗之间呈负平衡，以致母畜体内代谢紊乱。饲料质量不佳，尤其是混有发霉、变质的饲料，以及含有大量乙酸和脂酸等的青贮饲料。饲料调配不合理，能量物质不足，矿物质、维生素缺乏，能量物质与蛋白质比例不当等。妊娠母畜饲喂丰盛，导致过度肥胖。营养不良母畜的初乳中，蛋白质、脂肪含量低下，维生素、溶菌酶、补体等生物活性物质不足或缺乏，乳汁稀薄、数量不足、养分缺乏。

母畜管理不当，畜舍卫生条件不良，密集饲养，不分群饲喂，缺乏运动等不良环境因素的有害作用。母畜患病，特别是罹患慢性传染病、寄生虫病及胃肠道等消耗性疾病时，致体质衰弱，代谢紊乱。配种不良，公畜精液质量不佳，母畜体质不良，过早交配，频繁重配，以及近亲繁殖或多胎妊娠。

2. 后天性营养不良 主要是由于幼畜出生后的饲养、管理不当，致机体营养缺乏。而大多数羔羊的营养不良是因母畜泌乳不足或无乳所致。幼畜哺乳阶段，母乳不足、乳质不佳，吃食初乳过晚或补料不当。

幼畜出生后患病，尤其是罹患慢性胃肠疾病、代谢疾病及寄生虫病。多由外界环境不良（畜舍不卫生、空气污浊、寒冷或潮湿、阳光照射不足、密集拥挤或长途运输），以及运动不足或缺乏等引起。

● **临床表现**

1. 先天性营养不良 体格弱小，体重较轻，不足正常的1/3～1/2，体质衰弱，生长发育缓慢，精神萎靡不振，反应迟钝，四肢软弱无力，站立不稳，吮乳反射减弱或缺乏，嗜睡，于出生后不久或经数日衰竭死亡。

2. 后天性营养不良 幼畜出生后尚属正常，经1～2周后显现精神不振，不愿活动，喜卧，食欲减退，异嗜，消化不良。生长缓慢，体重低于同龄幼畜。继而出现可视黏膜苍白，眼窝凹陷，皮肤干燥，缺乏弹性，被毛稀疏，粗糙无光泽，逐渐消瘦，颈及尾根部皮肤多出现皱褶，腹围蜷缩。体温下降。肠音沉衰，后期肠内容物剧烈腐败发酵而出现腹泻，严重时机体脱水。

随病势发展，患畜精神委顿，对外界刺激反应淡漠，嗜睡，全身衰弱，起立困难，站立时四肢叉开，行走时步态不稳，体躯摇摆，骨骼、肌肉生长发育受阻，肢腿纤细，体躯矮小。

● **治疗**

一般采取综合疗法，即改善饲养，加强护理，提高胃肠消化机能，排除或中和体内有害代谢产物；增强大脑皮层功能，改善中枢神经对内脏器官的调节作用，提高患畜的生活能力。

妊娠和哺乳母畜，必须保持全价营养，按照饲养标准，合理调配日粮。并注意畜舍清洁卫生，保证充足的舍外运动和阳光照射。

对有吮乳反射的病畜，应进行人工哺乳。可饮以微温的牛奶并添加适量维生素和矿物质；断奶幼畜应单独饲喂，给予质优、富营养、易消化的全价饲料。应采取少量、多次的饲喂方式，亦可给予乳酸菌。

为鼓励机体代谢活动，恢复中枢神经系统功能，增强器官机能活动，改善营养状态，提高机体抵抗力，可采用输血疗法。

（1）母畜贮存血　采取健康母畜血液 900 mL，加枸橼酸钠 5 g，葡萄糖 5 g，灭菌蒸馏水 100 mL 制备。犊牛、羔羊 10～15 mL/kg，静脉注射或按 1～2 mL/kg 皮下或肌内注射，3～5 d 一次，共注射 2～3 次。

（2）健猪贮存血　静脉采血 200 mL 与 10%枸橼酸钠液 30 mL 混合，置冰箱内（3～6℃）贮存 3～4 d 使用，剂量为 4～8 mL，皮下注射，隔日 1 次，4 次为一疗程。疗程间隔 15 d。

对机能紊乱明显的病畜，还可采用下列药物疗法：

为调节糖代谢和抑制体内脂肪、蛋白质的异化作用，可应用胰岛素。剂量犊牛 5～20 IU，羔羊 4～10 IU，皮下注射，每天 1 次，5 次为一疗程。使用葡萄糖则效果更好。

伴有维生素缺乏的，可应用鱼肝油，犊牛、羔羊 100～150 mL 混饲，亦可应用浓缩鱼肝油，犊牛、羔羊 5～10 mL，分点肌内注射，隔日 1 次，6～10 次为一疗程。

为改善胃肠消化机能，可应用天然胃液或人工胃液，胃蛋白酶、乳酶生、干酵母、稀盐酸、健胃散、人工盐等健胃剂。严重腹泻，可给予收敛止泻或抗生素制剂。

幼畜消化不良

幼畜消化不良系幼畜胃肠消化机能障碍的统称，是哺乳幼畜（犊牛、羔羊）最常见多发的一种胃肠疾病。

按临床症状和病程经过，分单纯性消化不良和中毒性消化不良两种病型。前者主要呈现消化与营养的急性障碍，全身症状轻微。后者主要呈现严重的消化紊乱和自体中毒，全身症状重剧。

幼畜消化不良多于出生后吮食初乳不久或经 1～2 d 后开始发病，犊牛、羔羊到 2～3 月龄以后发病逐渐减少。

●病 因

1. 母畜营养不良，特别是妊娠母畜的不全价饲喂，是幼畜消化不良的主要原因

（1）妊娠母畜，特别是妊娠后期，日粮中营养物质不足，尤其是能量物质、维生素和某些矿物质缺乏，可使新生幼畜发育不良，体质孱弱，吮乳反射出现较晚，消化能力低下，极易罹患胃肠疾病。

（2）妊娠母畜不全价饲喂，影响母乳，特别是初乳的质量。营养不良的母畜，初乳分泌延迟而短暂，数量不足，质量低劣，营养成分和免疫物质缺少，仔畜抗病力低下。

（3）哺乳母畜饲喂不良（饲料质量不佳、营养价值低下、日粮组成不合理、饲喂不足等），或母畜罹患乳腺炎及其他慢性疾病，严重影响母乳的数量和质量，且往往含有某些病理产物和病原微生物。

（4）妊娠母畜应激状态。畜舍微气候不良、缺乏运动、阳光照射不足、密集饲养、饲喂制度改变、机体受寒、转移运输、骚扰捕捉等均可成为应激原，引起母畜的应激综合征，使胎儿体内出现大量促肾上腺皮质激素，防御能力提前消耗，出生后抗病力低下。

2. 幼畜饲养和护理不当，是引起幼畜消化不良的重要因素

（1）新生幼畜吃食初乳过晚或初乳数量不足，乳质不佳，营养物质缺乏，特别是维生素 C 缺乏，可使胃肠分泌机能减弱；B 族维生素缺乏，可使胃肠蠕动机能紊乱；维生素 A 缺乏，可使消化道黏膜上皮角化，影响母乳的吸收和消化。矿物质缺乏，可导致胃内盐酸和酶的形成受阻，而引起消化不良。

（2）新生幼畜的饲喂不当，如人工哺乳不定时、不定量、补料不当，胃肠道遭受不良刺激。饮水不足，抑制消化液的分泌和酶的形成。

（3）新生幼畜的管理不当，如卫生条件不良，哺乳母畜乳头污秽，饲槽、饲具不洁，畜舍不卫生（畜栏、畜床不及时清扫、消毒，垫草长时间不更换，粪尿不及时清除）。畜舍内不良的微气候作为应激因素，特别是低温或湿度过大，致幼畜机体受寒。

近年来，一些学者认为自体免疫因素具有特异性病因作用。母畜初乳中如含有对消化器官相应抗原及酶类的自身抗体和免疫淋巴细胞，则新生幼畜易发生消化障碍。

● **临床表现**

1. 单纯性消化不良　主要表现消化机能障碍和腹泻，一般不伴有明显的全身症状。患病幼畜精神不振，食欲减退或不吃乳，体温正常或稍低，逐渐消瘦，多喜躺卧，不愿活动，出现不同程度的腹泻，粪便性状多种多样。犊牛，开始时排粥样稀粪，后转为深黄或暗绿色水样粪便。羔羊，多呈灰绿色稀粪。犊牛和羔羊的粪便中，往往混有类似凝乳块样的脂酸皂（呈白色小凝块状）。粪便带酸臭或腐臭气味，混有泡沫、黏液及消化不全的凝乳块或饲料碎片。肠音高朗，有的出现腹痛。

持续腹泻不止时，机体脱水，皮肤干皱，弹性降低，被毛蓬乱无光泽，眼球凹陷。心跳加快，心音增强，呼吸迫促。严重的，全身战栗，站立不稳。如不及时采取治疗措施，极易继发支气管肺炎或转为中毒性消化不良。

2. 中毒性消化不良 呈现重剧的腹泻并伴发自体中毒和全身机能障碍。病畜精神委顿，目光呆滞，食欲废绝，急剧消瘦，衰弱无力，体温升高，结膜苍白、黄染，不愿活动。腹泻重剧，频排灰色或灰绿色混有大量黏液或血液带强烈恶臭或腐臭气味的水样稀粪，直至肛门松弛，排粪失禁。机体脱水明显，皮肤干皱，眼窝凹陷。心跳加快，心音浑浊，脉搏细弱，呼吸浅表疾速，可视黏膜发绀。

严重病畜反应迟钝，肌肉震颤或呈短时间的痉挛发作。病至后期，体温突然下降，四肢末端、耳尖、鼻端厥冷。病程较急，多于1～5 d内死于昏迷和衰竭。

○治 疗

综合采用食饵疗法和药物疗法。

1. 缓解胃肠负担和刺激作用 应施行饥饿疗法，饮以微温的生理盐水溶液（氯化钠 5 g，33％盐酸 1 mL，凉开水1 000 mL）。

2. 排除胃肠内容物 对腹泻不严重病畜应用缓泻剂，或用温水灌肠。

3. 促进消化机能恢复 可给予胃液、人工胃液或胃蛋白酶。人工胃液由胃蛋白酶 10 g、稀盐酸 5 mL、常温水 1 000 mL组成。

4. 防止肠道感染 可选用抗生素或磺胺类药物治疗。

5. 恢复水盐代谢平衡 可施行输液：10％葡萄糖液或5％葡萄糖氯化钠液，犊牛 500～1 000 mL，羔羊 50～150 mL,静脉或腹腔注射。对中毒性消化不良病畜可用平衡液（氯化钠 8.5 g，氯化钾 0.2～0.3 g，氯化钙 0.2～0.3 g，氯化镁 0.2 g，碳酸氢钠 1 g，葡萄糖粉 10～20 g，安钠咖粉 0.2 g，青霉素 30 万～50 万 IU）。首次量，犊牛 1 000 mL，维持量 500 mL，静脉注射。

6. 促进免疫生物学功能 可施行血液疗法。10% 枸橼酸钠贮存血：犊牛每千克体重 3～5 mL；羔羊每千克体重 0.5～1 mL，每次递增 10%～20%，皮下或肌内注射，1～3 d 一次，4～5 次为一疗程。

佝 偻 病

佝偻病是生长期幼畜骨源性矿物质（钙、磷）代谢障碍及维生素 D 缺乏所致的一种营养性骨病。以骨组织（软骨的骨基质）钙化不全、软骨肥厚、骨骺增大为病理特征。临床表现为顽固性消化紊乱，运动障碍和长骨弯曲、变形。

犊牛、羔羊、幼驹等各种幼龄动物均可发生。

● 病因及发病机理

1. 先天性佝偻病 起因于妊娠母畜体内矿物质（钙、磷）或维生素 D 缺乏，影响胎儿骨组织的正常发育。

2. 后天性佝偻病 主要病因是幼畜断奶后，日粮钙和/或磷含量不足或比例失衡，维生素 D 缺乏，运动缺乏，阳光照射不足。

（1）日粮钙、磷缺乏或比例失衡，是佝偻病的主要病因。日粮钙、磷含量充足，且比例适当 [（1.2～2）：1]，才能被机体吸收、利用。单一饲喂缺钙乏磷饲料（马铃薯、甜菜等块根类）或长期饲喂高磷、低钙谷类（高粱、小麦、麦麸、米糠、豆饼等），其中 PO_4^{3-} 离子与 Ca^{2+} 离子结合形成难溶的磷酸钙 $[Ca_3(PO_4)_2]$ 复合物排出体外，以致体内的钙大量丧失。相反，长期饲以富含钙的干草类粗饲料时，则引起体内磷的大量丢失。

（2）饲料和/或动物体维生素 D 缺乏也是佝偻病的重要病因。维生素 D 主要来源于母乳和饲料（麦角骨化醇），其次是通过阳光照射使皮肤中固有的 7-脱氢胆固醇转化为胆骨化醇（维生素 D_3）。

麦角骨化醇（维生素 D_2）和胆骨化醇（维生素 D_3）在体内，通过肝、肾的羟化作用转变成活性的 1,25-二羟维生素 D〔即 1,25-二羟胆骨化醇 [1,25-$(OH)_2$-D_3]〕，以调节钙、磷代谢的生物学效应，促进钙、磷的吸收，促进新生骨骼钙的沉积，动员成骨释钙，调节肾小管对钙、磷的重吸收，从而保持机体钙、磷代谢平衡。

幼畜对维生素 D 缺乏比较敏感，当日粮组成钙、磷失衡，且北方冬季日照较少而维生素 D 不足时，易发生佝偻病。

（3）断奶过早或罹患胃肠疾病时，影响钙、磷和维生素 D 的吸收、利用。肝、肾疾病时，维生素 D 的转化和重吸收发生障碍，导致体内维生素 D 不足。

（4）日粮组成中蛋白（或脂肪）性饲料过多，在体内代谢过程中形成大量酸类，与钙形成不溶性钙盐排出体外，导致机体缺钙。

（5）甲状旁腺机能代偿性亢进，甲状旁腺激素大量分泌，磷经肾排出增加，引起低磷血症而继发佝偻病。

○**临床表现**

1. 先天性佝偻病　幼畜出生后即衰弱无力，经过数天仍不能自行起立。扶助站立时，腰背拱起，四肢不能伸直而向一侧扭转，前肢系关节弯曲，躺卧呈现不自然姿势。

2. 后天性佝偻病　发病缓慢。病初精神不振，行动迟缓，食欲减退，异嗜，消化不良。随病势发展，关节部位肿胀、肥厚，触诊疼痛敏感（主要是掌和跖关节），不愿起立和走动。强迫站立时，拱背屈腿，痛苦呻吟。走动时，步态僵硬。神经肌肉兴奋性增强，出现低血钙性搐搦。

病至后期，骨骼软化、弯曲、变形。面骨膨隆，下颌增厚，鼻骨肿胀，硬腭突出，口腔不能完全闭合，采食和咀嚼困难。肋骨变为平直以致胸廓狭窄，胸骨向前下方膨隆呈鸡胸样。肋骨与肋软骨连接部肿大呈串珠状（念珠状肿）。四肢关节肿大，形态改变。肢骨弯曲，多呈弧形（O形）、外展（X形）、前屈等异常姿势。脊椎骨软化变形，向下方（凹背）、上方（凸背）、侧方弯曲。

骨骼硬度显著降低，脆性增加，易骨折。

检验所见：血钙、无机磷含量降低，血清碱性磷酸酶活性增高。骨骼中无机物（灰分）与有机物比率由正常的 3∶2 降至 1∶2 或 1∶3。X 线影像显现骨密度减低，骨皮质变薄，长骨端凹陷，骨骺界限增宽，形状不规整，边缘模糊不清。

●防 治

首先要调整日粮中钙、磷的含量及比例，增喂矿物性补料（骨粉、鱼粉、贝壳粉、钙制剂）。饲料中补加鱼肝油或经紫外线照射过的酵母。将患畜移于光线充足、温暖、清洁、宽敞、通风良好的畜舍，适当进行舍外运动。冬季可行紫外线（汞石英灯）照射，每天 20~30 min。

对未出现明显骨和关节变形的病畜，应尽早实施药物治疗。

（1）维生素 D 制剂　维生素 D_2 2~5 mL（或 80 万~100 万 IU），肌内注射，或维生素 D_3 5 000~10 000IU，每天一次，连用 1 个月或 8 万~20 万 IU，2~3 d 一次，连用 2~3 周。或骨化醇胶性钙 1~4 mL，皮下或肌内注射。亦可应用浓缩维生素 AD（浓缩鱼肝油），犊牛 2~4 mL，羔羊 0.5~1 mL，肌内注射，或混于饲料中饲喂。

（2）钙制剂　一般均与维生素 D 配合应用。碳酸钙 5~10 g，或磷酸钙 2~5 g，乳酸钙 5~10g，或甘油磷酸钙 2~5 g 内服。

亦可应用 10%～20%氯化钙液或 10%葡萄糖酸钙液 20～50 mL，静脉注射。

犊牛前胃周期性膨胀

病　因

前胃周期性膨胀，多发于 2～3 月龄犊牛。饲喂不当或饲料质量不良是基本病因。过早地改为无乳饲喂，或用奶加工副产品替代牛奶而又增喂干草或多汁饲料时，最易引起发病。

在瘤胃发育尚未健全的状态下，过早地停止乳饲而改喂饲料，以致饲料在瘤胃内积滞，异常分解产气，导致胃壁扩展，严重的转为瘤胃麻痹。

临床表现

临床上主要表现为瘤胃周期性膨气和消化紊乱。

病犊瘤胃容积增大，左饥窝部突隆，每天或间隔数天呈周期性发生，多于采饲后短时间内发作。腹围扩大，触诊腹壁紧张而有弹性，导胃或穿刺可见有大量气体喷出。病初膨胀较轻，能自行消散。以后膨胀逐渐增剧，持续时间延长，显现呼吸困难，黏膜发绀，腹痛，呻吟，肌肉震颤，频频回视腹部，不断努责。开始时肠音高朗，继则减弱，有时消失。常剧烈腹泻。精神沉郁，心跳加快，全身衰弱。

部分未经充分消化的饲料后送，可引起真胃炎。少数病犊可自行恢复。大多因窒息或瘤胃破裂而死亡。

治　疗

治疗要点是消除病因，排出积气，制止发酵，促进前胃机能恢复。

（1）为排出积气，应施行导胃、洗胃或瘤胃穿刺排气，同时投服缓泻、制酵剂。亦可经直肠灌注 0.25% 鱼石脂、0.1% 高锰酸钾、0.5% 食盐溶液或 5% 碳酸氢钠溶液。

（2）为吸附气体，可内服活性炭或矽碳银。为防止产气，可每天以稀盐酸 5~15 mL 加温水 500 mL 中饮喂。

（3）为恢复机体水盐代谢和瘤胃微生物区系的平衡，应进行输液，并接种健牛瘤胃液或瘤胃内容物团块。

● 预 防

预防要点是，让哺乳犊牛逐渐适应采食一般饲料：从 15 日龄开始给带叶的青草；25~30 日龄，给予优质的块根类饲料；35~45 日龄给予优质的配合青贮料。严禁饲喂由谷物加工调制的含水粉料。

新生畜低血糖症

新生畜低血糖症是吮乳不足引起血糖降低所致发的一种幼畜代谢病。以明显的神经症状为特征。多发于仔猪和羔羊。

● 病因及发病机理

主要原因是吮乳不足。有的因幼仔患大肠杆菌病、链球菌病、传染性病毒等疾病时，哺乳减少，兼有糖吸收障碍。据报道，牛、羊幼仔肠道缺少乳汁消化所必需的乳酸杆菌时，可发生本病。

生后 7 d 内缺少为糖异生作用所需的酶类，糖异生能力差，糖代谢调节机能不全。在此期间，血糖主要来源于母乳和胚胎期贮存肝糖原的分解。如吮乳不足或缺乏，则肝糖原迅速耗尽，血糖降低至 2.8 mmol/L，发病出现症状。在正常情况下，每 100 g 脑组织每分钟消耗 5.5 mg 葡萄糖，而脑贮存葡萄糖很少，完全依赖于血液供应，对低血糖极为敏感。血糖降低时，首先影响大脑皮质，而后波及间脑、中脑、脑桥及延髓。

● 症 状

病初精神沉郁，吮乳停止，四肢无力，肌肉震颤，步态不稳，体躯摇摆，运动失调。颈下、胸腹下及后肢等处显现浮肿。病猪失声嚎叫，痉挛抽搐，头向后仰或扭向一侧，四肢僵直，或做游泳样运动。磨牙空嚼，口吐白沫，瞳孔散大，对光反应消失，感觉机能减退或消失。皮肤苍白，被毛蓬乱，皮温降低，体温低下，37℃或更低。后期，昏迷不醒，意识丧失，很快死亡，病程不超过 36 h。

羔羊多于生后 5 d 内发病，表现精神沉郁，不愿走动，或行走缓慢，体躯摇晃，易跌倒。叫声沙哑而微弱，耳鼻和四肢发凉，体温在 36℃以下。后期表现阵发性痉挛，四肢乱蹬，角弓反张，多于 24 h 内死于昏迷。

● 治 疗

病畜可采用 5% 或 10% 葡萄糖溶液腹腔或皮下分点注射。羔羊可行静脉注射，或内服 25% 葡萄糖溶液 10~20 mL，每隔 2 h 一次，连续数日。

第七章　引起繁殖障碍的营养代谢病

反刍动物低血镁搐搦

反刍动物低血镁搐搦是低镁血症所致发的一组以感觉过敏、精神兴奋、肌强直或阵挛为主要临床特征的急性代谢病。包括青草搐搦或蹒跚、麦草中毒、泌乳搐搦及全乳搐搦。

常见于泌乳母牛，其次为犊牛（2～4月龄）、肉牛和水牛，干乳牛、公牛、绵羊和山羊也有发生，且多见于放牧的牛、羊。各国发病率差异较大，一般为 $1\%\sim2\%$，最高可达 50%，病死率颇高，乳牛为 50%，肉牛为 100%。

● 病　因

主要原因是牧草中镁含量缺乏或存在干扰镁吸收的成分。

1. 牧草镁含量不足　火成岩、酸性岩、沉积岩，特别是砂岩和页岩的风化土含镁量低；大量施用钾肥或氮肥的土壤，植被含镁量低；禾本科牧草镁含量低于豆科植物，幼嫩牧草低于成熟牧草。幼嫩禾本科牧草干物质含镁量为 $0.1\%\sim0.2\%$，而豆科牧草为 $0.3\%\sim0.7\%$。

2. 镁吸收减少　大量施用钾肥的土壤，牧草不仅镁少，而且钾多，可竞争性地抑制肠道对镁的吸收，促进体内镁和钙的排泄。牧草中 K/Ca＋Mg 摩尔比为 2.2 以上时，极易发生青草搐搦。偏重施用氮肥的牧场牧草含氮过多，在瘤胃内产生多量的氨，与磷、镁形成不溶性磷酸铵镁，阻碍镁的吸收。机体对镁的吸收和利用因年龄而异，新生犊牛吸收镁的能力很强，可达

50%，至 3 月龄时明显下降，成年母牛对镁的吸收率变动很大，为 4%～35%。磷、硫酸盐、锰、钠、柠檬酸盐，以及脂类亦可影响镁的吸收。

3. 天气因素 据调查，95% 的病例是发生在平均气温 8～15℃的早春和秋季，降雨、寒冷、大风等恶劣天气可使发病率增加。

● **临床表现**

因病程类型而不同。

1. 超急性型 病畜突然扬头吼叫，盲目疾走，随后倒地，呈现强直性痉挛，2～3 h 内死亡。

2. 急性型 病畜惊恐不安，离群独处，停止采食，盲目疾走或狂奔乱跑。行走时前肢高抬，四肢僵硬，步态踉跄，常因驱赶而跌倒。倒地后，口吐白沫，牙关紧闭，眼球震颤，瞳孔散大，瞬膜外露，全身肌肉强直，间有阵挛。脉搏疾速，可达 150 次/min，心悸，心音强盛，远扬 2 m 之外。体温升高达 40.5℃，呼吸加快。

3. 亚急性型 起病症状同急性型。病畜频频排粪、排尿，头颈回缩，前弓反张，重症有攻击行为。

4. 慢性型 病初症状不明显，食欲减退，泌乳减少。经数周后，呈现步态强拘，后躯踉跄，头部尤其上唇、腹部及四肢肌肉震颤，感觉敏感，施以微弱的刺激亦可引起强烈的反应。后期感觉丧失，陷入瘫痪状态。

● **诊 断**

在肥嫩牧地或禾本科青绿作物田间放牧的牛、羊，表现兴奋和搐搦等神经症状的，即应怀疑本病。根据血清镁含量降低及镁剂治疗效果卓著，可确定诊断。

应注意与牛急性铅中毒、低钙血症、狂犬病及雀稗麦角真菌毒素中毒等具有兴奋、狂暴症状的疾病相鉴别。

●治　疗

单独应用镁盐或配合钙盐治疗，治愈率可达 80％以上。

常用的镁制剂包括 10％、20％或 25％硫酸镁液，以及含 4％氯化镁的 25％葡萄糖溶液，多采用静脉缓慢注射。

钙盐和镁盐合用时，一般先注射钙剂，成年牛用量为 25％硫酸镁 50～100 mL、10％氯化钙 100～150 mL，以 10％葡萄糖溶液 1 000 mL 稀释。绵羊和犊牛的用量为成年牛的 1/10 和 1/7。一般在注射 6 h 后，血清镁即恢复至注射前的水平，几乎无一例外地再度发生低血镁性搐搦。

为避免血镁下降过快，可皮下注射 25％硫酸镁 200 mL，或在饲料中加入氯化镁 50 g，连喂 4～7 d。

●预　防

为提高牧草镁含量，可于放牧前喷洒镁盐，每 2 周喷洒 1 次。也可于清晨牧草湿润时，喷洒氧化镁粉剂，剂量为每头牛每周 0.5～0.7 kg。

低镁牧地，应尽可能少施钾肥和氮肥，多施镁肥。

由舍饲转为放牧时要逐渐过渡，起初放牧时间不宜过长，每天至少补充 2 kg 干草，并补喂镁盐。

对放牧牛可投服镁丸（含 86％的镁、12％的铝和 2％的铜），其在瘤胃内持续释放低剂量镁可达 35 d。每头牛投服 2 枚即可达到预防的目的。

纤维性骨营养不良

纤维性骨营养不良，是成年动物骨组织进行性脱钙，骨基质逐渐被破坏、吸收，而为增生的纤维组织所代替的一种慢性营养性骨病。

临床上以骨骼肿胀变形和跛行为特征。本病主要见于马属动物，猪和山羊亦可发生。发病不分地区、性别和季节，冬末春初日照短少时更为多见。

○ 病因及发病机理

饲料中钙少磷多或两者比例不当是本病的主要原因。骨盐的沉积，要求日粮中的钙磷不仅要有一定的数量，而且要有适当的比例。若饲料中磷多钙少或钙多磷少，则过多的磷与钙结合，或过多的钙与磷结合，都会形成不溶性的磷酸钙随粪排出，造成缺钙或缺磷，影响骨盐沉积。

精料中稻谷、糠麸、豆类等含磷较多，而钙相对不足。麸皮和米糠的钙磷比例分别是 0.22：1.09 和 0.08：1.42，粗料如谷草、干草等含钙量较高。长期饲喂富磷饲料或草料搭配不当，均易发生本病。

饲料中植酸盐及脂肪过多，可影响钙的吸收，促进本病发生。饲料中的植酸可与钙结合形成不溶性植酸盐，在小肠前段不能水解吸收利用。试验表明，10 g 植酸可使 7 g 钙不被吸收。

植酸还能促使维生素过多消耗，从而妨碍钙的吸收和骨盐的沉着。脂肪过多时，在肠道内分解产生大量的脂酸，后者与钙结合，形成不溶性皂钙，随粪便排出，阻碍钙的吸收。

管理不当，如长期休闲或长期过劳，劳逸不均，也会促进本病的发生。

○ 症 状

行走时步样强拘，步幅短缩，往往出现一肢或数肢跛行。跛行常交替出现，时轻时重，反复发作。疾病进一步发展，则骨骼肿胀变形。上颌骨和鼻骨肿胀隆起，颜面变宽。由于整个头骨肿胀隆起，故有"大头病"之称。

有的鼻骨高度隆起，致使鼻腔狭窄，呈现吸气性呼吸困难，伴有鼻腔狭窄音。牙齿磨灭不整、松动，甚至脱落。其次是四肢关节肿胀变粗，肩关节肿大最为明显。长骨变形，脊柱弯曲，往往呈"鲤鱼背"。

病至后期，常卧地不起，使肋骨变平，胸廓变窄。骨质疏松脆弱，容易骨折，穿刺时容易刺人。在整个疾病过程中，伴有异嗜现象和慢性消化不良症状。体温、脉搏、呼吸一般无变化。尿液澄清透明，呈酸性反应。

● 病程及预后

取慢性经过，数月、经年乃至数年。

轻症的，除去病因，改善饲养管理，疾病停止发展，适当治疗，多可治愈。

重症的，骨组织发生严重变化，丧失使用价值，预后不良。

● 诊　断

根据病畜腰硬、喜卧、跛行，骨骼肿大变形和额骨穿刺易刺入并固定全针等临床特征，结合高磷低钙日粮等生活史，即可确定诊断。

临床上应注意与风湿症、腱鞘炎、蹄病等所致的跛行进行鉴别，但这些类症均无骨病体征，且单纯钙剂治疗无效。

● 治　疗

治疗原则是调整日粮结构，及时补钙和促进骨盐沉着。

1. 调整日粮结构　主要是调整日粮中的钙磷比例，注意饲料搭配，减喂精料，特别要减少或除去日粮中的麸皮和米糠，增喂优质干草和青草，使钙磷比例保持在（1～2）：1的范围内，不得超过1：1.4，兼有防治效果。

2. 补充钙剂　常用石粉100～200 g，每日分2次混于饲料内给予。10％葡萄糖酸钙液 200～500 mL，静脉注射，每日 1 次。为促进钙盐吸收，可用骨化醇液 10～15 mL，分点肌内注射，每隔 1 周注射 1 次。

3. 对症疗法 为缓解疼痛，可用撒乌安液 150 mL，或 10％水杨酸钠液 150～200 mL，静脉注射，每日 1 次，连用 3～4 d。为调节胃肠机能，可酌用健胃剂。

● 预 防

要点在于合理饲养，注意日粮搭配。经常添加石粉可有效地预防本病的发生。在本病流行区，可按 5％的比例与精饲料混合，全年添加贝壳粉、蛋壳粉也有效，但不应单纯补充骨粉。

骨 软 病

骨软病，是指成年动物发生的一种以骨质进行性脱钙，未钙化的骨基质过剩为病理学特征的慢性代谢性骨质疏松症。临床上以运动障碍和骨骼变形为特征。本病主要发生于牛，有一定的地区性，主要发生于土壤严重缺磷的地区，干旱年份之后尤多。

● 病 因

日粮中磷含量绝对或相对缺乏是牛、羊发生骨软病的主要原因。

在成年动物，骨骼中的矿物质总量约占 26％，其中钙占 38％，磷占 17％，钙磷比例约为 2：1。因此，要求日粮中的钙磷比例基本上要与骨骼中的比例相适应。但不同动物对日粮中钙磷比例的要求不尽一致。日粮中合理的钙磷比：黄牛为 2.5：1；泌乳牛为 0.8：0.7。日粮中磷缺乏或钙过剩时，这种正常比例关系即发生改变。

草料中的含磷量不但与土壤含磷量有关，而且受气候因素的影响。在干旱年份，植物茎叶含磷量可减少 7％～49％，种子含磷量可减少 4％～26％。

我国安徽省淮北地区和山西省晋中东部山区属严重贫磷地区，土壤平均含磷量为 0.047％～0.12％，有的甚至在 0.002％以下。在这些地区，尤其干旱年份，常有大批耕牛暴发骨软病。

近年来，我国有些地区在养牛业中，仿效防治马纤维性骨营养不良而单纯补充大量石粉（含碳酸钙 99％），忽视了补饲麸皮、米糠等含磷丰富的饲料，使得日粮中钙过剩，而磷相对不足，钙磷比例失调。有的奶牛场，日粮中的钙磷比例高达54：1，导致奶牛骨软病的大批发生。

● 发病机理

由于钙磷代谢紊乱，为满足妊娠、泌乳及内源性代谢对钙、磷的需要，骨骼发生进行性脱钙，未钙化骨质过度形成，结果骨骼变得疏松、脆弱，常常变形，易发骨折。

● 临床表现

病初，表现为异嗜为主的消化机能紊乱。病畜舐墙吃土，啃槽嚼布，前胃弛缓，常因异嗜而发生食管阻塞、创伤性网胃炎等继发症。

随后，出现运动障碍。表现为腰腿僵硬，拱背站立，运步强拘，一肢或数肢跛行，或各肢交替出现跛行，经常卧地而不愿起立。

病情进一步发展，则出现骨骼肿胀变形。四肢关节肿大疼痛，尾椎骨移位变软，肋骨与肋软骨结合部肿胀。发生骨折和肌腱附着部撕脱。额骨穿刺阳性。

尾椎骨 X 线检查：显示骨密度降低，皮质变薄，髓腔增宽，骨小梁结构紊乱，骨关节变形，椎体移位、萎缩，尾端椎体消失。

临床病理学检查：血清钙含量多无明显变化，多数病牛血清磷含量显著降低。正常牛的血清磷水平是 $1.615\sim2.261$ mmol/L（$5\sim7$ mg/dL），骨软病时，可下降至 $0.904\sim1.389$ mmol/L（$2.8\sim4.3$ mg/dL）。血清碱性磷酸酶水平显著升高。

诊　断

依据异嗜、跛行和骨骼肿大变形，以及尾椎骨 X 线影像等特征性临床表现，结合流行病学调查和饲料成分分析结果，不难做出诊断。磷制剂治疗有效可作为验证诊断。

防　治

关键是调整不合理的日粮结构，满足磷的需要。

补充磷剂，病牛每天混饲骨粉 250 g，$5\sim7$ d 为一疗程，轻症病例多可治愈。重症病例，除补饲骨粉外，配合应用无机磷酸盐，如 20% 磷酸二氢钠液 $300\sim500$ mL，或 3% 次磷酸钙液 1 000 mL，静脉注射，每天 1 次，连用 $3\sim5$ d，多可获得满意疗效。绵羊的用药剂量为牛的1/5。

调整日粮，在骨软病流行区，可增喂麦麸、米糠、豆饼等富磷饲料，减少南京石粉的添加量（不宜超过 2%）。

国外多采用牧地施加磷肥以提高牧草磷含量，或饮水中添加磷酸盐，以防治群发性骨软病。

反刍动物运输搐搦

运输搐搦是指反刍动物因运输应激，血钙突发性降低而引起的一种代谢病，以运动失调、卧地不起和昏迷为临床特征。

病　因

运输过程中饥饿、拥挤、闷热等应激因素，是引发血钙迅速降低的主要原因。绵羊更易发生低钙血症，短时间的饥饿即可使血钙降低，饮水不足则可加重低钙血症。徒步驱赶也可引起本病。

● 症 状

运输途中即可发病，但多半是在到达运送地 4～5 d 内显现临床症状。病初，兴奋不安，磨牙或牙关紧闭，步样蹒跚，运动失调，后肢不全麻痹、僵硬、反射迟钝，体温正常或升高达42℃。其后卧地不起，多取侧卧，意识丧失，陷入昏迷状态，冲击式触诊瘤胃可闻震水音。病畜可突然死亡或于 1～2 d 内死亡。血清钙含量降低，平均为 1.8 mmol/L（7.28 mg/dL）。

● 治 疗

可用 5％葡萄糖酸钙液静脉注射，羊 50 mL，牛 300～500 mL。注钙后约有 50％的病例病情好转，昏迷的病畜则多于数小时内死亡。

生 产 瘫 痪

生产瘫痪，又称乳热，是母畜在分娩前后突然发生以轻瘫、昏迷和低钙血症为特征的一种代谢病。主要发生于奶牛，肉牛、水牛、绵羊、山羊及母猪也有发生。

本病的发生与年龄、胎次、产奶量及品种等因素有关。青年母牛很少发病，以 5～9 岁或第 3～7 胎经产母牛为多发，约占患病牛总数的 95％。病牛的产乳量均高于平均产乳量，有的达未发病牛的 2～3 倍。娟姗牛最易感，发病率可达 33％，其次是荷兰牛，高地和草原品种较少发病。产后 72 h 内发病的约占 90％以上，分娩前和产后数日或数周发病的极少。成年母羊发病与分娩关系不大，多发生于妊娠最后 1 个月至泌乳的头6 周。

⦿ 病　因

一般认为与钙吸收减少和/或排泄增多所致的钙代谢急剧失衡有关。

血钙降低是各种反刍动物生产瘫痪的共同特征。母牛在临近分娩尤其泌乳开始时，血钙含量下降，只是降低的幅度不大，且能通过调节机制自行恢复至正常水平。如血钙含量显著降低，钙平衡机制失调或延缓，血钙不能恢复到正常水平，即发生生产瘫痪。

正常反刍兽血浆（清）钙含量为 2.2～2.6 mmol/L（8.8～10.4 mg/dL），血钙保持恒定有赖于钙进出血液的速率。

⦿ 临床症状

因畜种和病程而不同。

1. 牛　依据血钙降低的程度，可分为 3 个阶段。

第一阶段，病牛食欲不振，反应迟钝，呈嗜睡状态，体温不高，耳发凉。有的瞳孔散大。

第二阶段，后肢僵硬，站立时飞节挺直、不稳，两后肢频频交替负重，肌肉震颤，头部和四肢尤为明显。有的磨牙，表现短时间的兴奋不安，感觉过敏，大量出汗。

第三阶段，呈昏睡状态，卧地不起，出现轻瘫。先取伏卧姿势，头颈弯曲抵于胸腹壁，有时挣扎试图站起，而后取侧卧姿势，陷入昏迷状态，瞳孔散大，对光反应消失。体温低下，心音减弱，心率不快，维持在 60～80 次/min，呼吸缓慢而浅表。鼻镜干燥，前胃弛缓，瘤胃臌气，瘤胃内容物返流，肛门松弛，肛门反射消失，排粪排尿停止。如不及时治疗，往往因瘤胃臌气或吸入瘤胃内容物而死于呼吸衰竭。

产前发病的，则可因子宫收缩无力，分娩阵缩停止，胎儿产出延迟。分娩后，往往因严重的低血钙，发生子宫弛缓、复旧不全以至脱出。

2. 羊　大多于妊娠后期或泌乳初期起病，症状与牛相似。病初运步不稳，高跷步样，肌肉震颤。随后伏卧，头触地，四肢或聚于腹下，或伸向后方。精神沉郁或昏睡，反射减弱。脉搏细速，呼吸加快。

●诊　断

根据分娩前后数日内突然发生轻瘫、昏迷等特征性临床症状，以及钙剂治疗迅速而确实的效果，不难建立诊断。血钙含量低于 1.5 mmol/L（6 mg/dL），即可确诊。

母牛倒地不起综合征、低镁血症、母牛肥胖综合征等疾病也可呈现与生产瘫痪类似的临床症状，而且这些疾病又常作为生产瘫痪的继发或并发病，应注意鉴别。

1. 母牛倒地不起综合征　通常发生于生产瘫痪之后，躺卧时间超过 24 h，钙疗效不佳，血清磷酸肌酸激酶和门冬氨酸氨基转移酶活性显著升高，剖检可见后肢肌肉和神经出血、变性、缺血性坏死等病变。

2. 低镁血症　发病与妊娠和泌乳无关，不受年龄限制，临床表现为兴奋、感觉过敏及强直性痉挛，血镁含量低于 0.8 mmol/L。

3. 母牛肥胖综合征　干乳期饲喂过度，以致妊娠后期和分娩时体躯过于肥胖，可并发生产瘫痪和其他围产期疾病，钙疗法无效，并常兼有严重的酮病。

4. 表现产后卧地不起的疾病还有产后截瘫、产后毒血症及后肢骨折、脱臼等　只要多加斟酌，实际容易鉴别。

●治　疗

尽早实施钙疗法是提高治愈率、降低复发率、防止并发症的有效措施。

1. 钙疗法　约有 80％的病牛经 8～10 g 钙一次静脉注射后

即刻恢复。牛常用40％硼葡萄糖酸钙400～600 mL，5～10 min内注射完，或10％葡萄糖酸钙800～1 400 mL，或5％葡萄糖氯化钙800～1 500 mL；绵羊常用10％葡萄糖酸钙200 mL，静脉注射。

在钙疗法中，如何根据不同个体确定钙的最适剂量至关重要。钙剂量不足，病牛不能站起而发生母牛倒地不起综合征等其他疾病，或再度复发。钙剂量过大，可使心率加快，心律失常，甚至造成死亡。为此注射钙剂时应严密地监听心脏，尤其是在注射最后的1/3用量时。通常是注射到一定剂量时，心跳次数开始减少，其后又逐渐回升至原来的心率，此时表明用量最佳，应停止注射。对原来心率改变不大的，如注射中发现心跳明显加快、心搏动变得有力且开始出现心律不齐时，即应停止注射。

钙疗法的良好反应是：嗳气，肌肉震颤尤以腹胁部为明显，并常扩展全身，脉搏减慢，心音增强，鼻镜湿润，排干硬粪便，表面被覆黏液或少量血液，多数病牛4 h内可站起。

对注射后5～8 h仍不见好转或再度复发的，则应进行全面检查，查无其他原因的，可重复注射钙剂，但最多不超过3次。如依然无效或再度复发，即应改用乳房送风等其他疗法。

2. 乳房进风法　作用原理是，通过向乳房内注入空气，可刺激乳腺末梢神经，提高大脑皮质的兴奋性，从而解除抑制状态。此外，还可提高乳房内压，减少乳房血流量，以制止血钙的进一步减少，并通过反射作用使血压回升。

具体方法：缓慢将导乳管插入乳头管直至乳池内，先注入青霉素40万IU，以防感染，再连接乳房送风器或大容量注射器向乳房注气。充气顺序，一般先下部乳区，后上部乳区。充气不足，无治疗效果，充气过量则易使乳泡破裂。通常以用手轻叩呈鼓音为度，然后用纱布轻轻扎住乳头，经1～2 h后解开。一般在注入空气后半小时，病牛即可恢复。

乳房送风时消毒不严易引起乳腺感染，充气过量会造成乳腺损伤。但此法至今仍不失为一种有价值的治疗方法，注射钙剂无效时尤为适用，配合钙剂效果更佳。

3. 对症疗法　对伴有低磷血症和低镁血症的，可用15％磷酸二氢钠200 mL、15％硫酸镁200 mL，静脉注射或皮下注射。瘤胃臌气时，应行瘤胃穿刺，并注入制酵剂。

4. 护理　加强护理，厚垫褥草，防止并发症。侧卧的病牛，应设法让其伏卧，以利嗳气，防止瘤胃内容物返流而引起吸入性肺炎。每隔数小时，改换1次伏卧姿势，每天不得少于4～5次，以免长期压迫一侧后肢而引起麻痹。对试图站立或站立不稳的，应予扶持，以免摔伤。

"母牛倒地不起"综合征

"母牛倒地不起"综合征是泌乳母牛临近分娩或分娩后发生的一种以"倒地不起"为特征的临床病征，病因比较复杂，或为顽固性生产瘫痪不全治愈，或为继发后肢有关肌肉、神经损伤，或为并发某种（些）代谢性并发症。

最常发生于产犊后2～3 d的高产母牛。据调查，多数（66.4％）病例与生产瘫痪同时发生，其中有代谢性并发症的占病例总数的7％～25％。

病因

高产母牛分娩阶段的内环境代谢过程极不稳定，不仅可发生以急性低钙血症为特征的生产瘫痪，而且常伴发低磷酸盐血症、轻度低镁血症和低钾血症。因此，常因生产瘫痪诊疗延误而不全治愈，或因存在代谢性并发症而后遗倒地不起。倒地不起超过6～12 h，就可能导致后肢有关肌肉、神经的外伤性损伤而使"倒地不起"复杂化。

据报，倒卧在水泥地面上的体大母牛，由于不能自动翻转，短时间内就可使坐骨区肌肉（如股薄肌、耻骨肌、内收肌等）发生坏死，大腿内侧肌肉、髋关节周围组织和闭锁孔肌亦可发生严重损伤。后肢肌肉损伤常伴有坐骨神经和闭神经的压迫性损伤及四肢浅层神经（如桡神经、腓神经等）的麻痹。部分病例（约10%）还伴有急性局灶性心肌炎。

目前，多数学者特别关注生产瘫痪经常伴有的低镁血症、低磷酸盐血症和低钾血症。

● 症　状

一般都有生产瘫痪病史。大多经过两次钙剂治疗，精神高度抑制及昏迷等特征症状消失，而后遗"倒地不起"。病牛常反复挣扎而不能起立。通常精神尚可，有一些食欲和饮欲，体温正常，呼吸和心率亦少有变化。不食的母牛，可伴有轻度至中度的酮尿。卧地日久的母牛，可有明显的蛋白尿。心搏动每分钟超过100次的，在反复搬移牛体或再度注射钙剂时可突然引起死亡。

有些病牛，精神状态正常，前肢跪地，后肢半屈曲或向后伸，呈"青蛙腿"姿势，匍匐"爬行"。

有些病牛，常喜侧身躺卧，头弯向后方，人工给予纠正，很快即回复原状。严重病例，一旦侧卧，就出现感觉过敏和四肢强直及搐搦。但也有一种所谓"非机敏性倒地不起母牛"，不吃不喝，可能伴有脑部损伤。

有些病例，两后肢前伸，蹄尖直抵肘部，致使大腿内侧和耻骨联合前缘的肌肉遭受压迫，而造成缺血性坏死。倒地不起经18～24 h的，血清肌酸磷酸激酶高于500 IU，血清谷草转氨酶高于1 000 IU。由于反复起卧，还可发生髋关节脱臼及髋关节周围组织损伤。

● 病程及预后

常伴有大肠杆菌性乳腺炎、褥疮性溃疡等并发症。病程超过

1 周，预后大多不良。有的在病后 2～3 d 死于急性心肌炎。

●诊　断

病因诊断很困难。要首先确定"倒地不起"与生产瘫痪的关系。然后用腹带吊立牛体，对后肢骨骼、肌肉、神经进行系统检查，包括直肠检查及 X 线检查，并检验血清钙、磷、镁、钾，查找病因。

其血镁浓度偏低（0.4 mmol/L，即 1 mg/dL 左右），侧身躺卧，头后弯，感觉过敏，四肢强直和搐搦，可怀疑为低镁血症。

其血磷浓度偏低（0.97 mmol/L，即 3 mg/dL 以下），精神、食欲尚佳，单纯钙疗无效，可怀疑为低磷酸盐血症。

其血钾浓度偏低（3.5 mmol/L 以下），反应机敏，但四肢肌无力，前肢跪地"爬行"，可怀疑为低钾血症。

最后通过药物治疗，验证诊断。

●治　疗

根据可疑病因，采用相应疗法。如怀疑低镁血症，可静脉注射 25％硼葡萄糖酸镁溶液 400 mL；怀疑低磷酸盐血症，可皮下或静脉注射 20％磷酸二氢钠溶液 300 mL；怀疑低钾血症，则以 10％氯化钾溶液 80～150 mL，加入 2 000～3 000 mL 葡萄糖生理盐水中静脉滴注。以上治疗每天 1 次，必要时重复 1～2 次。

有人推荐静脉注射复方钙、磷、镁溶液，但效果不确实。凡血钙浓度不低于 2.25 mmol/L（9 mg/dL），且无精神高度抑制、昏迷等症状，就不应再注射钙剂。凡呈现心动过速和心律失常的，亦不应注射钙剂。

其他尚有皮质类固醇、兴奋剂、维生素 E 和硒等治疗方法，必要时可以试用。

母牛产后血红蛋白尿病

母牛产后血红蛋白尿病，简称 PPH，是一种发生于高产乳牛的营养代谢病。临床上以低磷酸盐血症、急性溶血性贫血和血红蛋白尿为特征。

● 病 因

低磷酸盐血症是本病的一个重要因素，不论产后发病的乳牛或是产前发病的乳牛，这一点都无例外。

美国最先发现乳牛 PPH 病例的血清无机磷含量显著降低。澳大利亚某些严重缺磷地区的母牛产后常发生 PPH，且都伴有低磷酸盐血症。

在中国江苏水牛、埃及水牛和印度水牛血红蛋白尿病例中，都显示血清无机磷水平降低，只是埃及水牛发生于妊娠后期，而印度水牛发生于产后。

再者，并非所有低磷酸盐血症的母牛都发生临床血红蛋白尿，但发生临床血红蛋白尿的母牛常伴有低磷酸盐血症。

● 临床症状

红尿是本病最突出的临床特征，几乎是早期唯一的病征。

最初 1～3 d 内尿液逐渐由淡红变为红色、暗红色直至紫红色和棕褐色，以后又逐渐消退。这种尿液做潜血试验，呈强阳性反应，而尿沉渣中很少或不见红细胞。

病牛产乳量下降，但几乎所有病牛的体温、呼吸、食欲均无明显变化。

随着病程进展，贫血加剧，可视黏膜和皮肤变为淡红色以至苍白，并黄染，血液稀薄，不易凝固，血浆或血清呈樱桃红色（血红蛋白血症）。循环和呼吸也出现相应的贫血体征。

临床病理学改变 包括 PCV、RBC、Hb 等红细胞参数值降低、黄疸指数升高、血红蛋白血症、血红蛋白尿症等急性血管内溶血和溶血性黄疸的各项检验指征以及低磷酸盐血症。

大多数学者报告本病溶血危象阶段的血磷水平很低（0.13～0.48 mmol/L）。报道（1986）指出缺磷地区正常泌乳牛血磷为 0.65～0.97 mmol/L，而 PPH 病牛只有 0.10～0.33 mmol/L。印度水牛血磷正常值为 1.86±0.07 mmol/L，PPH 病牛只有（0.63±0.18）mmol/L。埃及 PPH 病牛血磷低下，为 0.16～0.65 mmol/L。我国 PPH 水牛血磷值由正常的 2.26 mmol/L（7 mg/dL）降为 0.96 mmol/L（3 mg/dL）。

病程及预后

急性病例可于 3～5 d 内死亡，或者转入 2～8 周的康复期。有的后遗末端部（趾、尾、耳和乳头）皮肤坏疽。及时用磷制剂治疗，绝大多数 PPH 乳牛和水牛可望痊愈。

诊 断

本病的发生常与分娩有关，可依据围产期发病、红尿、贫血、低磷酸盐血症等临床症状和检验所见，并结合饲料中磷缺乏或不足，以及磷制剂的显著疗效，建立诊断。

但应注意鉴别其他溶血性疾病，如细菌性血红蛋白尿病、巴贝斯虫病、钩端螺旋体病、急性溶血发作的慢性铜中毒、吩噻嗪中毒、洋葱中毒等。

治 疗

应用磷制剂有良好效果，也可补饲含磷丰富的饲料，如豆饼、麸皮、米糠、骨粉等。

硒 缺 乏 症

硒缺乏症是以硒缺乏造成的骨骼肌、心肌及肝脏变质性病变为基本特征的一种营养代谢病。侵害多种畜禽。家畜中，牛、绵羊、山羊、猪、马、骡、驴；经济动物中，鹿、兔、貂；家禽中，鸡、鸭、火鸡，均可发病。

世界上多数国家和地区，均有发生。近年的研究证实，硒缺乏也是人的地方性心肌病，即所谓"克山病"的一个病因。

在病因尚未阐明以前，本病曾以主要病理解剖学特征或其临床表现而有各种命名，如肌营养不良、营养性肌萎缩症、营养性肌病、强拘症、白肌病；中毒性肝营养不良、营养性肝坏死、营养性肝病；心肌营养不良、营养性心肌病以及心猝死等，并一度统称为骨骼肌-心肌-肝脏变性综合征。

鉴于硒缺乏同维生素 E 缺乏在病因、病理、症状及防治等方面均存在着复杂而紧密的关联性，有人将两者合称为"硒和/或维生素 E 缺乏综合征"。

●病 因

20 世纪 50 年代后期研究确认，硒是动物机体营养必需的微量元素，而本病的病因就在于饲粮与饲料的硒含量不足。

植物性饲料中的含硒量与土壤硒水平直接相关。土壤中的无机硒化合物，以硒酸盐、亚硒酸盐等硒化物以及元素硒的形式存在，其中硒酸盐及亚硒酸盐有较高的水溶性，易为植物吸收、利用。一般以土壤内的水溶性硒作为其有效硒。

土壤中水溶性硒的含量，直接影响植物的含硒量。土壤硒含量一般介于 $0.1 \sim 2.0$ mg/kg，植物性饲料的适宜含硒量为 0.1 mg/kg。当土壤含硒量低于 0.5 mg/kg、植物性饲料含硒量低于 0.05 mg/kg 时，便可引起动物发病。可见低硒环境（土壤）是本病的根本致病原因，低硒环境（土壤）通过饲料（植物）作用于动物机体而发病。因此，水土食物链是本病的基本致病途径，而低硒饲料则是本病的直接病因。

此外，饲料中维生素 E 的含量及其他抗氧化物质及脂酸，尤其不饱和脂酸的含量也是重要的影响因素或条件。我国由东北斜向西南走向的狭窄地带，包括黑龙江、吉林、辽宁、内蒙古、河北、山东、山西、陕西、甘肃、河南、四川，以及贵州、云南等 10 多个省份，普遍低硒。主要引起幼畜生长发育迅速，代谢旺盛，对营养物质的需求相对增加，对低硒营养的反应更为敏感。

临床表现

硒缺乏症共同性基本症状：骨骼肌肌病所致的姿势异常及运动功能障碍；顽固性腹泻或下痢为主症的消化功能紊乱；心肌病所造成的心率加快、心律失常及心功能不全。不同畜禽及不同年龄的个体，还各有其特征性临床表现。

犊牛、羔羊表现为典型的白肌病症状群。发育受阻，步样强拘，喜卧，站立困难，臀背部肌肉僵硬，消化紊乱，伴有顽固性腹泻。心率加快，心律失常。有资料指出，成年母牛产后胎衣停滞也与低硒有关。如并发维生素 E 缺乏症，则显现神经症状。

诊　断

依据基本症状群，结合特征性病理变化，参考病史及流行病学特点，可以确诊。

对幼龄畜禽不明原因的群发性、顽固性、反复发作的腹泻，应给以特殊注意，进行补硒治疗性诊断。

临床诊断不够明确的，可通过对病畜血液及某些组织的含硒量或血液谷胱甘肽过氧化物酶活性测定，以至土壤、饲粮或饲草含硒量测定，进行综合诊断。

治 疗

0.1%亚硒酸钠溶液肌内注射，效果确实。剂量：成年牛15～20 mL，犊 5 mL；羊 5 mL，羔羊 2～3 mL。

可根据病情，间隔 1～3 d 重复注射 1～3 次。配合补给适量维生素 E，疗效更好。

预 防

在低硒地带饲养的牛羊或饲用由低硒地区运入的饲粮、饲草时，必须普遍补硒。

补硒的办法： 直接投服硒制剂，将适量硒添加于饲粮、饲草、饮水中；对饲用植物作植株叶面喷洒，以提高植株及籽实的含硒量；低硒土壤施用硒肥。

当前简便易行的方法是应用硒饲料添加剂，硒的添加量为 0.1～0.2 mg/kg。

在牧区，可应用硒金属颗粒。硒金属颗粒由 9 g 铁粉与 1 g 元素硒压制而成，投入瘤胃中缓释而补硒。试验证明，给牛投喂 1 粒，可保证 6～12 个月的硒营养需要。对羊，可将硒颗粒植入皮下。用亚硒酸钠 20 mg 与硬脂酸或硅凝胶结合制成的小颗粒，给妊娠中后期母羊植入耳根后皮下，对预防羔羊硒缺乏症效果很好。

铜 缺 乏 症

铜缺乏症，主要发生于反刍兽，特称为晃腰病。我国宁夏、吉林、黑龙江等省区已相继报道有牛、羊、鹿的原发性铜缺乏症发生，应予重视。

病 因

1. 原发性铜缺乏 长期饲喂在低铜土壤上生长的饲草、饲料，是常见的病因。这类土壤有：缺乏有机质和高度风化的砂土，沼泽地带的泥炭土和腐殖土等。一般认为，饲料（干物质）含铜量低于 3 mg/kg，可以引起发病。3～5 mg/kg 为临界值，8～11 mg/kg 为正常值。

2. 继发性铜缺乏　土壤和日粮中含有充足的铜，但动物体对铜的吸收受到干扰。如采食在天然高钼土壤上生长的植物（或牧草），或工矿钼污染所致的钼中毒。硫，也是铜的拮抗元素，饲料中不论是蛋氨酸、胱氨酸，还是硫酸钠、硫酸铵等含硫物质过多，经过瘤胃微生物作用均可转化为硫化物，形成一种难以溶解的铜硫钼酸盐的复合物，降低铜的利用。试验证明，当日粮中硫的含量达 1 mg/kg 时，约 50％的铜不能被机体利用。

研究证实，铜的拮抗因子还有锌、铅、镉、银、镍、锰、抗坏血酸。高磷、高氮的土壤也不利于植物对铜的吸收。

临床表现及诊断

1. 运动障碍　本病的主症，尤多见于铜缺乏羔羊。病畜两后肢呈"八"字形站立，行走时跗关节屈曲困难，后躯僵硬，蹄尖拖地，后躯摇摆，极易摔倒，急行或转弯时，更加明显。重症作转圈运动，或呈犬坐姿势，后肢麻痹，卧地不起。

运动障碍的病理学基础在于细胞色素氧化酶等含铜酶活性降低、磷脂合成减少，神经髓鞘脱失。

2. 被毛变化　被毛褪色，由深变淡，黑毛变为棕色、灰白色，常见于眼睛周围，状似戴白框眼睛，故有"铜眼镜"之称。被毛稀疏，弹性差，粗糙，缺乏光泽。羊毛弯曲度减小，甚者消失，变成"直毛"或"丝线毛"。

被毛变化的病理学基础是黑色素生成所需之含铜酶酪氨酸酶缺乏。

3. 骨及关节变化　骨骼弯曲，关节肿大，表现僵硬，触之感痛，跛行，四肢易发生骨折。背腰部发硬，起立困难，行动缓慢。

其病理学基础在于赖氨酰氧化酶、单胺氧化酶等含铜酶合成减少和活性降低，导致骨胶原的稳定性和强度降低。

4. 贫血 铜尤其铜蓝蛋白（ceruloplasmin）是造血所需的重要辅助因子。其主要功能在于促进铁的吸收、转运和利用。长期缺铜，则可引起小细胞低色素性贫血。

此外，常常可以引起母畜发情异常，不孕，流产。

测定肝铜和血铜有助于诊断。但应注意，临床症状可能早在肝铜和血铜有明显变化之前即表现出来。肝铜（干重）含量低于 20 mg/kg，血铜含量低于 0.7 pg/mL（血浆 0.5 pg/mL），可诊断为铜缺乏症。另外，测定血浆铜蓝蛋白活性，可为早期诊断提供重要依据，因其活性下降在出现明显症状之前。健康绵羊血浆铜蓝蛋白为 45～100 mg/L。

● 防 治

补铜是根本措施，除非神经系统和心肌已发生严重损害，一般都能完全康复。

治疗一般选用经济实用的硫酸铜口服：牛 4 g，羊 1.5 g，视病情轻重，每周或隔周 1 次。将硫酸铜按 1% 的比例加入食盐内，混入配合料中饲喂亦有效。

预防性补铜，可依据条件，选用下列措施：根据土壤缺铜程度，每公顷施硫酸铜 5～7kg，可在几年间保持牧草铜含量，作为补铜饲草基地，这是一项行之有效的办法。

每千克饲料的含铜量应为：牛 10 mg，羊 5 mg。

甘氨酸铜液，皮下注射，成年牛 400 mg（含铜 125 mg），犊牛 200 mg（含铜 60 mg），预防作用持续 3～4 个月，也可用于治疗。喂上述加铜食盐亦可。

锌 缺 乏 症

锌缺乏症是饲料锌含量绝对或相对不足所引起的一种营养缺乏病，基本临床特征是生长缓慢、皮肤角化不全、繁殖机能障碍及骨骼发育异常。

各种动物均可发生。

人和动物缺锌是世界性问题。我国北京、河北、湖北、湖南、陕西等省份缺锌面积达 30% 以上，华北平原大片土地缺锌。全国有十几个省（自治区、直辖市）先后报道了畜禽锌缺乏症。

● 病　因

1. 原发性锌缺乏　主要起因于饲料锌不足，又称绝对性锌缺乏。一般情况下，40 mg/kg 的日粮锌即可满足家畜的营养需要。市售饲料的锌含量大都高于正常需要量。

酵母、糠麸、油饼和动物性饲料中含锌丰富，块根类饲料中锌含量仅为 4～6 mg/kg，玉米、高粱中含锌也较少，为 10～15 mg/kg。饲料的锌含量与土壤锌尤其有效态锌水平密切相关。我国土壤锌为 10～300 mg/kg，平均 100 mg/kg，总趋势是南方高于北方。

土壤中有效态锌对植物生长的临界值为 0.5～1.0 mg/kg，低于 0.5 mg/kg 为严重缺锌。

缺锌地区土壤的 pH 大多在 6.5 以上，主要是石灰性土壤、黄土和黄河冲积物所形成的各种土壤。过施石灰和磷肥可使草场含锌量大幅度减少。

2. 继发性锌缺乏　起因于饲料中存在干扰锌吸收利用的因素，又称为相对性锌缺乏。

业已证明，钙、镉、铜、铁、铬、锰、钼、磷、碘等元素可干扰饲料中锌的吸收。据研究认为，钙可在植酸参与下，同锌形成不易吸收的钙锌植酸复合物,而干扰锌的吸收。

不同饲料的锌利用率是有差异的,动物性饲料锌利用率较高,而植物性饲料锌利用率较低。

此外,丹麦黑色花斑牛和弗里斯犊牛等动物已发现有一种遗传性锌缺乏症,特称为致死基因。

● 临床表现

生长发育缓慢乃至停滞,生产性能减退,繁殖机能异常,骨骼发育障碍,皮肤角化不全,被毛、羽毛异常,创伤愈合缓慢,免疫功能缺陷,以及胚胎畸形。

1. 牛 犊牛食欲减退,增重缓慢,皮肤粗糙、增厚、起皱,乃至出现裂隙,尤以肢体下部、股内侧、阴囊和面部为甚。四肢关节肿胀,步态僵硬,流涎。母牛繁殖机能低下,产乳量减少,乳房部皮肤角化不全,易患蹄真皮炎。

2. 羊 绵羊羊毛弯曲度丧失、变细,容易脱落,蹄匣变软、扭曲。羔羊生长缓慢,流泪,眼周皮肤起皱、皲裂。母羊生殖机能低下,公羊睾丸萎缩,精子生成障碍。

实验室检查:健康反刍兽血清锌为 $9.0 \sim 18.0 \ \mu mol/L$,当血清锌降至正常水平的一半时,即表现临床异常。严重缺锌时,在 7～8 周内血清锌可降至 $3.0 \sim 4.5 \ \mu mol/L$,血浆白蛋白含量减少,碱性磷酸酶和淀粉酶活性降低,球蛋白增加。

健康牛和绵羊的毛含锌量分别为 115 ～ 135 mg/kg 和 115 mg/kg。锌缺乏时可分别降至 47～108 mg/kg 和 67 mg/kg。组织锌尤其肝锌下降。

● 诊 断

(1)依据日粮低锌和/或高钙的生活史,生长缓慢、皮肤角化不全、繁殖机能低下及骨骼异常等临床表现,补锌奏效迅速而确实,可建立诊断。

（2）测定血清和组织锌含量有助于确定诊断。饲料中锌及相关元素的分析，可提供病因学诊断的依据。

（3）对临床上表现皮肤角化不全的病例，在诊断上应注意与疥螨性皮肤病、烟酸缺乏症、维生素 A 缺乏症及必需脂肪酸缺乏等疾病的皮肤病变相区别。

● 治　疗

每吨饲料中添加碳酸锌 200 g，相当于每千克饲料加锌 100 mg；或口服碳酸锌，3 月龄犊牛 0.5 g，成年牛 2.0～4.0 g，每周 1 次；或肌内注射碳酸锌。

补锌后食欲迅速恢复，1～2 周内体重增加，3～5 周内皮肤病变恢复。

● 预　防

保证日粮中含有足量的锌，并适当限制钙的水平，使 Ca：Zn 值维持在 100：1。

牛、羊可自由舔食含锌食盐，每千克食盐含锌 2.5～5.0 g。在低锌地区，可给绵羊投服锌丸，锌丸滞留在瘤胃内，6～7 周内缓释足够的锌，或施用锌肥，每公顷施用硫酸锌 4～5 kg。

参 考 文 献

郭定宗，2016. 兽医内科学［M］. 3 版. 北京：高等教育出版社.

刘宗平，赵宝玉，2021. 兽医内科学［M］. 北京：中国农业大学出版社.

唐兆新，2002. 兽医临床治疗学［M］. 北京：中国农业大学出版社.

王哲，姜玉富，2010. 兽医诊断学［M］. 北京：高等教育出版社.

张乃生，李毓义，2011. 动物普通病学［M］. 2 版. 北京：中国农业
出版社.

朱维正，2000. 新编兽医手册［M］. 2 版. 北京：金盾出版社.

图书在版编目（CIP）数据

牛羊繁殖障碍疾病临床手册／郭昌明，袁宝主编
.—北京：中国农业出版社，2023.11
ISBN 978-7-109-31543-3

Ⅰ.①牛… Ⅱ.①郭…②袁… Ⅲ.①牛病－繁殖障
碍－手册②羊病－繁殖障碍－手册 Ⅳ.①S858.2-62

中国国家版本馆 CIP 数据核字（2023）第 242097 号

中国农业出版社出版
地址：北京市朝阳区麦子店街 18 号楼
邮编：100125
责任编辑：张艳晶
版式设计：杨　婧　责任校对：吴丽婷
印刷：中农印务有限公司
版次：2023 年 11 月第 1 版
印次：2023 年 11 月北京第 1 次印刷
发行：新华书店北京发行所
开本：850mm×1168mm　1/32
印张：6
字数：156 千字
定价：35.00 元
